パソコン部品の基礎知識

~規格・性能と部品の選び方~

はじめに

▼グラボが映像処理以外にも使われるようになり、グラボの重要性は年々高まっています。そのような状況変化もあって、「CPU」と「グラボ」の性能バランスを考えて、パーツを選ぶことがトレンドになっています。

　「CPUとグラボの両方が高性能」なのは、最も望ましい構成です。「CPUは高性能でグラボは標準的」という構成は「あり」です。

　逆に、「CPUは標準的でグラボは高性能」という構成は、あまり好ましくありません。
　例外はありますが、そのような構成では、グラボの性能を充分に発揮できないからです。

*

　「PCの利用目的」を前提にして、その目的を達成するために、必要充分な性能をもったパーツを選ぶことが重要です。
　各パーツの役割や機能を把握し、パーツの性能指標の読解力を高めることが大切です。

本間　一

▼自作PCは、目的や予算に応じて自由にPCパーツを選んでパソコンを組み立てられるのが魅力です。ただし、自分で自由にPCパーツを選べるということは、それぞれのPCパーツについての知識が必要ということでもあります。

　用途に見合った性能や機能をしっかり把握することも重要ですし、もし間違ったPCパーツを選択してしまうと、そもそも取り付け自体ができなかったり、うまく動作しなかったりすることも充分あり得るからです。

*

　PCパーツ選びで大事なのは、各種PCパーツの"規格を知ること"と"性能を知ること"。
　本書では自作PCの組み立てやアップグレードをする上で、重要なこれらの基礎知識をまとめています。
　この知識が、PCパーツを選ぶときの助力となれば幸いです。

勝田有一朗

パソコン部品の基礎知識
～規格・性能と部品の選び方～

CONTENTS

第4章 「データ伝送」に使われる技術　勝田有一朗

第5章 「ネットワーク」に使われる技術　勝田有一朗

第1章

「CPU」に使われる技術

CPUは、人間で言えば"頭脳"にあたる、非常に重要なPCパーツです。製造には、さまざまな高度な技術が使われており、CPUなどの電子部品を製造するための技術を、「アーキテクチャ」と呼びます。

*

CPUの新製品は毎年登場していて、多くの種類があります。そこで、CPUの「アーキテクチャ」を理解しておくと、多くのCPUの中から自分のPCに合ったCPUを選ぶ際に、役立ちます。

1-1 「ノートPC」「タブレット」「スマホ」のCPU

モバイル・プロセッサの特徴

　CPU開発の王道は、高性能を目指すところにありますが、性能と省電力の両立も重要な課題です。

　一般にデスクトップPCなど、設置型のPCでは、性能を重視したCPUが使われます。
　一方、ノートPCやスマートフォン（スマホ）では、少ない電力で動作するCPUが使われます。

　ノートPC、タブレット、スマートフォン（スマホ）などの端末に使われるCPUは、総称して「モバイルCPU」または「モバイル・プロセッサ」と呼ばれます。そして、端末の種類によって、アーキテクチャ（CPUの構造や仕様などの技術）の異なるCPUが採用されます。

*

　たとえば、ノートPCのCPUでは、基本仕様はデスクトップPC用のCPUと同じですが、より少ない電力で動作するように設計されたCPUが

使われます。

　ノートPCでは、「AC電源」と「バッテリ」のどちらでも使えるように設計されますが、タブレットやスマホでは主にバッテリ駆動で運用されるため、より省電力を重視した設計のCPUが使われます。

　そして、スマホの消費電力を極力抑えながら、同時に高い処理能力も求められます。
　「省電力」と「性能」を両立させるために、スマホ向けのCPUでは、より細やかな電力管理を行なう機能をもっています。

「CPU」と「SoC」の違い

　スマホのような端末では、非常に小さな基板に、PCと同様の多くの機能が搭載されています。そのような小型化を実現するためには、各機能の回路をできる限り小さく設計する必要があります。しかし、回路の縮小には限界があります。

　そこで、CPUのパッケージ内に、CPU以外の機能を組み込んだチップが開発され、そのようなチップを「SoC」と呼びます。

　「SoC」には、「グラフィック機能」「Wi-FiやBluetoothなどの無線機能」「LTEなどの無線通信制御」「GPS」など、多くの機能が搭載されています。

　メーカーが公表するスマホの仕様表には、主要プロセッサのことをCPUと記載することが多く、それが間違っているわけではないのですが、本質的な意味としては、CPUではなく、「SoC」(エスオーシー, System-on-a-chip)と呼ぶ方が適切です。

　ただ、一般にPCやスマホなどのプロセッサは、CPUと呼ぶことが慣例

になっています。そのため、同じプロセッサを「CPU」と呼んだり「SoC」と呼んだりして、言葉の揺れがありますが、話の流れから判断していただきたいと思います。

「SoC」のCPUコア

CPUの内部構造で、最も主要な処理を行なう部分を「コア」と呼びます。

昔のCPUの「コア」は、1つだけだったのですが、最近のCPUは少なくとも2つ以上の複数の「コア」を搭載しています。複数のコアを使うことによって、より高速なデータ処理を行なうことができます。

2つ以上の「コア」を総称して「多コア」と表現します。PC用の「多コアCPU」では、すべてのコアが同じ仕様なのが一般的です。

たとえば、「6コアCPU」では、内部に6個の同じコアが並んでいます。

一方、近年の「SoC」では、「高性能コア」と「高効率コア」を組み合わせる仕様が増えています。

*

たとえば、「6コアSoC」では、2コアの「高性能コア」と4コアの「高効率コア」といった組み合わせのCPUがあります。

「高性能コア」は高クロックで動作しますが、多くの電力を消費します。

「高効率コア」は、「高性能コア」よりも低いクロックで動作しますが、消費電力は抑えられます。

高速処理が必要な状況では、すべてのコアが稼働します。軽い処理ばかりが続くような状況では、主に「高効率コア」を使って、電力消費を抑制します。

*

CPUには、次々に計算命令の情報が送られてきて、その情報を処理し

なければなりません。

　CPUの情報処理の仕事を「タスク」と呼びます。タスクの内容は、PCの稼働状況によって、大幅に変化します。

　「高性能コア」と「高効率コア」の使い分けは、タスクの状況に応じて、自動的に行なわれます。

1-2　ARMアーキテクチャ

　CPUは、共通仕様とメーカーの独自仕様を組み合わせて作られています。

　PCで、「AMD」と「インテル」のどちらのCPUを使ってもWindowsが動作するのは、"共通仕様の部分"があるからです。

　PC用のCPUは、インテルが開発した「x86アーキテクチャ」という共通仕様がベースになっています。「x86」が共通仕様になったのは、かつてインテルのCPUが標準的に使われていた時代があったことに由来します。

　インテル以外のCPUメーカーが、インテルの互換製品を作り始めたという経緯があり、それが現在にも引き継がれています。

＊

　一方、モバイル端末用のSoCでは、イギリスの半導体企業「ARMホールディングス」が開発した「ARMアーキテクチャ」が主流になっています。「ARM」は「アーム」と読みます。

　初期のARMのCPUは、「MOS 6502」の代替CPUとして開発されました。「MOS 6502」は、アメリカのモステクノロジーが1975年に発表した8ビットCPUです。ARMのCPUはPCに使われましたが、「x86」が主流になると、次第にPCでは使われなくなりました。

＊

　「ARMアーキテクチャ」は、性能では「x86」に及ばなかったものの、少

ない電力で動作するという特徴があったため、携帯電話やPDA(携帯情報端末)などに採用されるようになりました。

現在では、ほとんどのスマートフォンなどのモバイル端末で、ARM系のSoCが採用されています。

1-3 主なSoC

Aシリーズ

「ARMアーキテクチャ」をベースに、アップル社が開発したプロセッサファミリを「Appleシリコン」と呼びます。

「Appleシリコン」には、「Aシリーズ」「Sシリーズ」「Tシリーズ」など、多様なチップがあり、端末の種類の特性に合わせた仕様になっています。

その中で、iPhoneやiPadなど、アップル製品の主要なモバイル端末には、「Apple Aシリーズ」のSoCが搭載されています。

*

第1世代のタブレット「iPad」は、Aシリーズの「**Apple A4**」を搭載し、米国で2010年4月に発売されました。また、「A4」は「iPhone 4」や第4世代の「iPod touch」にも採用されました。

「**A4**」は「シングル・コア」で、動作クロックは最高で1GHz。「LPDDR2」のメモリをサポートします。

第8世代の「iPad」は、6コアの「**Apple A12 Bionic**」を搭載。最高で2.49GHzで動作し、「LPDDR4」のメモリをサポートします。

A12後継の「**A14 Bionic**」は2020年10月発売の「iPhone 12 Pro」シリーズや、10.9インチタブレットの「iPad Air」を搭載。

　「Bionic」(バイオニック)には、「超人的な」とか「サイボーグ的な」といった意味があります。

　「A14 Bionic」は、16コアで構成される「ニューラル・エンジン」という、「機械学習専用コア」を内蔵しています。

　「A14 Bionic」は、前モデルの「A13 Bionic」よりも「L1キャッシュメモリ」を増やし、動作クロックも向上。アップルの発表によれば、グラフィック処理性能は30％向上し、総合的な性能では40％向上しているとしています。

　「A14 Bionic」は、2022年10月に発表された第10世代のiPadにも搭載されています。

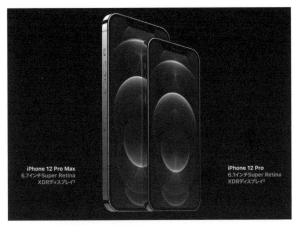

図1-3-1　iPhone 12 Pro　(apple.com)

Snapdragon

　「Snapdragon」(スナップドラゴン)は、「ARMアーキテクチャ」を基に、米クアルコム社が開発しているSoCファミリです。

　スマホでは非常に多くの機種で採用されていて、Xperia(SONY)、AQUOS(SHARP)、Galaxy(Samsung)、Pixel(Google)など、人気シリーズのス

マホに搭載されています。

＊

「Snapdragon」には、200、400、600、800のシリーズがあり、数字が大きいほど高性能です。

スマホのハイエンド・モデルには「Snapdragon 800シリーズ」が使われます。

エントリーからミドルクラスのモデルには、「Snapdragon 600シリーズ」の採用が多いです。

＊

3Dグラフィックを使うようなゲームをするなら、800シリーズの搭載機種がお勧めです。600シリーズは、一般的なスマホ利用では、充分な処理能力があります。

800シリーズの「Snapdragon 855」は、3種類のコアを搭載。2.84GHzのコアを1個(プライムコア)、2.42GHzのコアを3個(パフォーマンスコア)、1.78GHzのコアを4個(効率コア)、合計で8コア(オクタコア)の構成です。

後継の「Snapdragon 865」は、動作クロックは「855」と同じですが、メモリ系を強化しています。L3キャッシュは、2MBから4MBに増量。メインメモリは、LPDDR4x/2133MHとLPDDR5-2750MHzに対応します。

スマホの採用例では、Googleの「Pixel 4」とSONYの「Xperia 1」では、「Snapdragon 855」を搭載。「Xperia 1」の後継機種として、「Xperia 1 II」(エクスペリアワン マークツー)が2020年6月に発売されました。「Xperia 1 II」には、「Snapdragon 865 5G」が搭載され、「5G」の高速通信に対応します。

＊

Googleは2020年10月、「Snapdragon 765」を搭載した「Pixel 5」を発売。「Pixel 4」はハイエンドモデルの位置付けでしたが、「Pixel 5」は「ミドル

レンジの中で、やや高性能なモデル」と位置付けられています。

　「なぜ『Pixel 5』をハイエンドにしなかったのか」についてGoogleは、価格性能バランスを考慮し、5Gモデルの価格を抑えて、Pixelシリーズの普及を目指すことを表明しています。

＊

　さて、「Pixel 4」はハイエンドモデルですが、5Gには未対応です。その理由についてGoogleは、「現時点(2019年後半)ではインフラが整っていないため」と説明していました。

　ところが、5Gに対応した「Pixel 4a」は「Pixel 5」と同時に発売されました。

　ただし「Pixel 4a」のSoCは「Pixel 5」と同じなので、性能の近い2機種を同時に発売したことになります。

　「Pixel 5」と「Pixel 4a」の主な違いは、メインメモリ容量。「Pixel 5」は8GB、「Pixel 4a」は6GBです。また、「Pixel 5」は防水性に優れています。「Pixel 5」にはイヤホンジャックはなく、「Pixel 4a」にはあります。

図1-3-2　Pixel 5

　Googleは2021年10月、「Pixel 6」と「Pixel 6 Pro」を発売。SoCは、ARMアーキテクチャを基に、Googleが開発した「Tensor」(テンソル)を搭載。「Tensor」のCPUは仕様の異なる複数のコアから構成されています。

　動作クロック2.8GHzの高性能コア「Cortex-X1」が2個、2.25GHzのミドルコア「Cortex-A76」が2個、1.8GHzの省電力コア「Cortex-A55」が4個、合計で8コアです。

　「Cortex」(コーテックス)は、ARMが開発したCPUファミリの名称です。

Exynos

　「Exynos」(エクシノス)は、ARMアーキテクチャを基にサムスン電子が開発したSoCファミリで、同社の「Galaxy」シリーズのスマホやタブレットに搭載されています。
　ただし、「Exynos」を搭載する機種は主に欧州向け。米国や日本向け機種には、「Snapdragon」が搭載されています。
　ベンチマークテストでは、総じて「Exynos」よりも「Snapdragon」搭載機の方が優れたスコアを出していて、多くのGalaxy愛用者から「Exynos」を使うべきではないという意見が出されています。

　さまざまな社会的事象の問題点について署名活動を行なうサイト「Change.org」には、「Stop selling us inferior Exynos phones!」(劣ったExynosフォンの販売をやめて！)という署名ページが設けられ、多数の賛同者がオンライン署名をしています。

1-4　AMDのCPU

Ryzenのアーキテクチャ

AMDのCPUでは、「Ryzen」シリーズのCPUが主力商品として販売されています。「Ryzen」（ライゼン）のマイクロアーキテクチャ名を「Zen」（ゼン）と呼びます。

「Ryzen」という名称は、「地平線・水平線」という意味の「Horizon」と、「禅」に由来します。「Horizon」から「Ho」を外した綴りと、大乗仏教の一宗派「禅宗」に由来する「Zen」を組み合わせた名称です。

最初のRyzenは、2017年3月に発売。2019年には、「Zen 2」アーキテクチャが発表され、第3世代のRyzenプロセッサが発売されました。

COMPUTEX TAIPEI

「COMPUTEX」（台北国際コンピュータ見本市）は、アジア最大規模のICT (Information and Communication Technology)イベントです。

インテルやAMD、NVIDIAなどを筆頭に、多数の主要なPC関連企業が参加しています。

COMPUTEXは、毎年5月下旬～6月に開催されています。

AMD会長兼CEOリサ・スー氏は2022年5月、COMPUTEXの基調講演に登壇し、Ryzen 7000シリーズのメインストリーム向けプロセッサを発表しました。

スー氏は「AMDハイパフォーマンス・コンピューティング体験」というテーマで、新プロセッサに関連する「Zen 4」や「AM5」プラットフォームなどのアーキテクチャについて解説しました。

ラインアップと仕様

Ryzen 7000 シリーズでは、4種類のプロセッサが2022年9月30日の夜から一斉に発売されました。

表1-1 Ryzen 7000シリーズの主な仕様

モデル名	Ryzen 9 7950X	Ryzen 9 7900X	Ryzen 7 7700X	Ryzen 5 7600X
コア/スレッド	16/32	12/24	8/16	6/12
動作クロック	4.5GHz	4.7GHz	4.5GHz	4.7GHz
ブーストクロック	5.7GHz	5.6GHz	5.4GHz	5.3GHz
L2キャッシュ	16MB	12MB	8MB	6MB
L3キャッシュ	64MB		32MB	
TDP	170W		105W	
対応メモリ	DDR5			
ソケット	AM5			
対応チップセット	AMD 600シリーズ			
GPU	搭載			
アーキテクチャ	Zen 4			
参考価格（税込）※	90,000円	66,000円	47,000円	34,000円

※価格は、2023年4月のおよその市場価格。

Ryzenは、「Ryzen 9」や「Ryzen 7」など、一桁の数字でグレードを表わし、数字が大きいほど上位製品です。

グレード表記に続く4桁の数字が製品の型番を表わします。今回の新製品は、型番が7000番台なので、その製品グループを「Ryzen 7000シリーズ」と呼びます。

Ryzen 7000シリーズ共通の仕様は、DDR5メモリ、ソケットAM5、「AMD 600」シリーズのチップセットに対応すること。上位と下位製品では、コア数やキャッシュメモリに差があります。

*

今回発売されたプロセッサは、Ryzen 5〜9のハイミドルからハイエンド向けのラインアップです。

動作クロックはほぼ横並びになっていますが、7900Xと7600Xは動作クロックが高めに設定されています。

この設定差は、ハイエンド向けの「7950Xと7900X」、ハイミドル向けの

「7700Xと7600X」の比較で、それぞれコア数の少ないモデルの性能を補強する意図があると考えられます。

ゲーミング性能の向上

AMDは1920x1080ドットの解像度で、「**Ryzen 5 7600X**」と従来製品「**Ryzen 5 5600X**」のゲーミング性能を比較した指標を発表しています。

それによると、7600Xでは5600Xよりも平均21％高速だとしています。
ただし、その比較では、「AM5」と「AM4」という違いがあるため、「プラットフォームの更新を含めた参考指標」と捉える必要があります。

ゲームタイトルの中でも特に、アクションRPG「Middle-earth:Shadow of War」、カーレース「F1 2021」、PVP（チーム対戦）アクション「Rainbow Six Siege」の3タイトルで、7600Xの指標が際立っていて、34～40％の性能向上を果たしています。

*

「Rainbow Six Siege」は、アジアやヨーロッパを中心に「eスポーツ」イベントが開催されていて、ゲームファンの注目を集めています。
「eスポーツ」では、コンマ数秒の差で勝敗が決まる場合もあり、プロセッサの性能は重要な要素の1つです。

最前線で戦うエキスパートやプロのゲーマーが使うPCで、Ryzen 7000シリーズの採用が増えるのであれば、その性能は本物だと言えるでしょう。

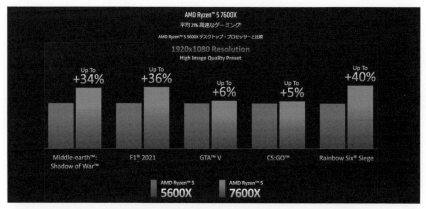

図1-4-1　「Ryzen 5 5600X」と「Ryzen 5 7600X」のゲーミング性能比較

設計・製作分野

　AMDは、建築設計、工学、製品設計、メディアやエンタテインメントなどの分野で、「Ryzen 9 7950X」と「Intel Core i9-12900K」を比較した指標を発表しています。

＊

　Chaos Group社の「V-Ray」は、業界標準のレンダリングソフトの1つで、3D映像製作、建築設計、工業製品のデザインなどで利用されています。

　Chaos Groupは、公式ベンチマークソフトとして「V-Ray 5 Benchmark」を提供。そのソフトでは、CPUのみ、GPUのみ、CPU+GPUなど、条件を変えたベンチマークができます。

　AMDはCPUのみのベンチマークテストで、「7950X」と「i9-12900K」を比較して、最大57％優れた結果を得られたと発表しています。

　構造設計に使われる「SIEMENS NX」によるCPUベンチマークでは、7950Xは最大15％優れたパフォーマンスを発揮しました。

　メディア＆エンターテイメント分野では、映像編集ツール「Premiere Pro」を使う、「PugetBench for Premiere Pro」によって、4K映像を用いた

CPUベンチマークを実施。

　このベンチマークでは、指定されたプロジェクトファイルを使って、決められた手順でリアルタイムの映像処理を行なって、CPUスコアを計測します。

　AMDは、「7950Xはi9-12900Kよりも最大56%高速再生」という結果を発表しています。

　AMDが自社に有利なベンチマーク結果のみを発表している可能性は否めませんが、特定のアプリケーションで著しい好結果を得られたことには注目すべきでしょう。

ソケットAM5

　AMDはこれまで、長期に渡って「AM4プラットフォーム」のサポートを提供して、プロセッサの互換性を保ってきました。そのような互換性を重視する方針は、ユーザーの支持を集める理由の1つになっています。

*

　CPUソケットが「AM3」から「AM4」に移行した際には、その途中に「AM3+」という仕様があり、ある程度の互換性を保ちながらゆっくり移行するというイメージでした。

　AM5は、互換性よりも性能向上を重視して設計されました。そのため、多くの仕様変更があり、AM4対応プロセッサとの互換性は失われました。

　CPUの基本仕様には、CPU側の底面に多数のピン（接続端子の突起）があるCPUと、ピンがないCPUがあります。ピンがないCPUには、多数の平面状の接点が並んでいて、マザーボード上のソケット側にピンがあります。

　CPU側にピンがあるCPUの仕様を「**PGA**」(Pin Grid Array)と呼び、ピンがないCPUの仕様を「**LGA**」(Land Grid Array)と呼びます。

AM4はCPU側にピンがある「PGA」でしたが、AM5は「LGA」です。

CPUソケットの呼称は、CPUメーカーが付けた名称の他に、「CPU接点の仕様」と「コンタクト数（接点数）」を組み合わせた呼称を使うことが慣例になっています。

AM5のコンタクト数は「1718」なので、Socket AM5は「LGA1718」とも呼ばれます。

ちなみに、AM4のコンタクト数は「1331」なので、AM5は「387」の増加になっています。

LGAの特徴と注意点

PGAのCPUは、ピンが曲がったり折れたりすると使いものにならなくなるという危険性があります。

LGAのCPUでは、CPUに細いピンがないため、扱いやすいというメリットがあります。

ただし、AM5対応マザーボードでは、CPUソケット側にピンがあるため、そのピンを曲げないよう、取り扱いに注意が必要です。

「Ryzen7000シリーズ」のヒート・スプレッダ

CPUに代表されるような半導体では、円盤状の基板上に、多数の回路パターンを生成して製造します。

それぞれの回路パターンは小さな四角で区切られていて、それを切り分けると、半導体チップになります。

その半導体チップを「ダイ」と呼びます。

その「ダイ」を基板に取り付けて、配線を施し、その他の電子部品を取り付け、最後に金属カバーを取り付けると、CPUが完成します。

　その完成したCPUの状態を、「パッケージ」と呼びます。

　Ryzen 7000シリーズのプロセッサのパッケージには、最大2つのCPUダイ「CCD (CPU Complex Die)」が搭載されます。「CCD」のコア数は、最大8なので、パッケージには最大16コアを搭載できます。

　Ryzen 7000シリーズのプロセッサを上から見て、金色のダイがCCDで、黒っぽいダイにI/O回路がパッケージされています。
　通常はヒート・スプレッダに隠れて、それらのダイは見えません。「ヒート・スプレッダ」とは、CPUのコアから発生する熱を伝動させて、冷却するための金属板です。

　従来のRyzenでは、四角いヒート・スプレッダの角が丸く削られている形状でした。
　一方、Ryzen 7000プロセッサのヒート・スプレッダは、周囲の一部がカットされていて、四隅と上下左右に、合計8本の足が出ているような形状です。

　その特殊なヒート・スプレッダ形状は、必然的に設計されたデザインです。
　一般にCPUの表面や裏面には、微小な半導体部品の「キャパシタ」（コンデンサ）が実装されています。一般的なCPUでは、基板表面の外周付近には半導体部品がないので、CPU表面を覆うように四角いヒート・スプレッダを接着して固定します。

　Ryzen 7000プロセッサでは、表面に多数のキャパシタがあって、外周付近にも実装されています。そのため、キャパシタの位置を避けてヒート・スプレッダを取り付けるために、8本足の形状になりました。

図1-4-2　Ryzen 7000プロセッサのイメージ（https://www.amd.com/）
「ヒート・スプレッダなし」（左）、「ヒート・スプレッダあり」（右）

CPUクーラーの互換性

　AM4とAM5のソケットでは、CPUクーラー用の取り付け穴の位置と高さは同じ寸法なので、基本的にAM4用のCPUクーラーはAM5のマザーボードに取り付け可能です。

　ただし、ソケットの形状は若干異なるため、AM4対応CPUクーラーをAM5に流用する場合には、専用パーツが別途必要になる場合があります。

　そのようなAM5対応パーツは、「AM5マウンティングキット」や「AM5アクセサリーパーツ」などの名称で、1200円前後の価格で販売されています。

　CPUクーラーの旧モデルは比較的安く買えるというメリットはありますが、これから新規に購入する場合には、AM5に対応している製品の購入をお勧めします。

高発熱への対応

　CPUの消費電力は常に一定ではなく、低負荷時には少なく、高負荷時には多くなります。

　CPUの消費電力は、「TDP」（Thermal Design Power）という指標を使います。「TDP」は、CPUの最大能力を発揮した際の消費電力を表わします。

＊

　Ryzen 5000シリーズのTDPは、65Wまたは105Wでした。

　一方、Ryzen 7000シリーズでは、**Ryzen 5と7**のTDPが105W、Ryzen 9が170Wと、高負荷時の消費電力が多くなっています。

　この仕様変更について、AMDは「多少消費電力が増えてもかまわないので、プロセッサの処理能力を高めてほしいというユーザーの声に応えたため」と説明しています。

＊

　このように**Ryzen 7000シリーズ**のプロセッサのTDPは、従来製品よりも高めなので、なるべく高性能なCPUクーラーを使うことが推奨されます。

　物理的に「AM4用CPUクーラー」を「AM5マザーボード」に取り付けられる場合でも、旧製品を使った場合には、冷却性能が足りない場合があります。

　PCの高負荷運用時のプロセッサ温度が高すぎる場合には、CPUクーラーのアップグレードを検討すべきです。

　PCで高画質の3D-CGゲームや動画編集をする場合には、高負荷の継続時間が長くなりやすいので、CPUクーラーの冷却性能は重要です。

　一方、文書編集やネット動画の視聴などの用途にPCを使うことが多い場合には、CPUへの負荷はそれほど高くならないため、コストパフォーマンス優先でCPUクーラーを選んでも差し支えないでしょう。

Zen 4アーキテクチャ

■ 15%性能向上

　「製造プロセス」とは、「製品が完成に至るまでの製造工程」という意味ですが、CPUなどの超微細技術によって製造される半導体に関する説明や話題では、「製造プロセスルール」を略して、「製造プロセス」または「プロセスルール」と言う場合が多いです。

　「製造プロセスルール」とは、半導体の製造で、「どれだけ細かく作れるか」という、配線技術の指標です。

　たとえば「製造プロセスは10nm」と言った場合には、「およそ10ナノメートルの細密な配線ができる技術」を使って製造することを意味します。

＊

　製造プロセスは、CPUの性能向上と密接な関係があります。

　製造プロセスの微細化により、従来製品と同等の回路は、より少ない電力で動作し、単位面積あたりの回路数を増やすことができます。そのため、CPUは必然的に従来製品よりも高性能になります。

　製造プロセスは「Zen 3」アーキテクチャでは7nmでしたが、「Zen 4」ではさらに縮小し、「CPUコア・チップレット」は5nm、「I/Oダイ」は6nmになりました。

　コアあたりのL2キャッシュは従来の512KBから1MBに増量。AMDは、Ryzenプロセッサを搭載したPCで「Cinebench R23 1T」によるベンチマークテストを行ない、「従来プロセッサ製品と比較して、シングルスレッドで15％性能向上」という検証結果を発表しています。

　「Cinebench」は、ドイツのMaxon Computerが無償提供しているCPUベンチマークソフトです。「Cinebench」では、3Dグラフィクスのレンダリング性能を計れます。

　ターボ時の最大クロックは、「Zen 3」の4.9GHzから、「Zen 4」では5.7GHzに引き上げられています。メモリがDDR5対応になったことも、ベンチマークテストの好結果の要因になっています。

　「Zen 4」のIPC（Instruction per Clock）は、「Zen 3」よりも最大13％向上しています。IPCとは、クロックあたりの命令処理数です。

　IPCはCPU性能の指標の1つと考えられますが、単純にIPCを増やすだけでは性能は上がりません。IPCが増えると、処理すべき情報量も増えるため、それに合わせて入出力系回路を強化する必要があります。

■ AVX-512への対応

　CPUなどのマイクロプロセッサは、多種多様な命令情報を与えられ、その命令に従って処理した情報を出力します。その「多種多様な命令」をまとめたものを「命令セット」と呼びます。

　新しいCPUが開発される際に、基本的に過去の「命令セット」は利用できますが、新技術に対応するために、新しい「命令セット」が追加される場合もあります。
　「AVX-512」（アドバンスド・ベクトル・エクステンション512）は、インテルが開発した新しい命令セットです。
　最大2つの「512ビット融合積和（FMA）ユニット」を使って、AI、ディープラーニング、3Dモデリング、物理現象のシミュレーション、暗号化など、膨大な浮遊小数点演算を要するアプリケーションの処理能力を高めることができます。

＊

　「AVX-512」はインテルの「Xeon」（ジーオン）プロセッサ向けに開発されましたが、「Skylake-X」アーキテクチャで採用され、コンシューマー向け製品の「Core X プロセッサ 10000 シリーズ」で利用できるようになりました。

「積和演算」とは、乗算の結果を順次加算する演算。

たとえば、ゲームやカーナビで3Dオブジェクトを描く際には、描画前のベクトル演算によって座標変換を行ないます。

ベクトル演算の結果は、積和演算の繰り返しによって得られます。

その他、音声や画像のデータ圧縮や信号の周波数成分の解析にも、積和演算を行ないます。

四捨五入や切り捨てなどで、数値を特定の桁数にすることを「丸める」と言います。積和演算の途中で演算結果を丸めると、最終演算結果の誤差が大きくなります。「融合積和演算」は、積和演算を1命令で行なって、結果の誤差を小さくする演算方法です。

AMDのアーキテクチャでは、「Zen 4」で初めて「AVX-512」をサポート。「AVX-512」には、多様な機能があり、機械学習分野の処理能力を高めます。

■ チップセット

Socket AM5搭載マザーボードに対応する「6000シリーズ・チップセット」には、上位モデル「X670E」「X670」の2種、普及モデル「B650」「B650E」の2種。合計4種類のチップセットがあります。

それぞれ、型番に「E」が付くほうが上位です。

「X670E」は、最大24レーンの「PCIe 5.0」(PCIe Gen 5.0)に対応し、ストレージやグラフィックをサポートします。

「SuperSpeed USB」は10Gbpsが最大12レーン、20Gbpsが最大2レーン。なお、これらの仕様は最大数なので、実際の搭載数はマザーボードの仕様によって異なります。

AM5マザーボードでは、「X670E」搭載製品を選んでおけば無難です。

その他のチップセット搭載マザーボードを検討する際には、「PCIe」や「M.2」スロットなどの仕様と搭載数を確認する必要があります。

＊

各チップセットでは、PCIe、USB、SATAレーンなどの仕様や利用可能数が異なります。

「B670」と「B650」では、グラフィクスの仕様が「PCIe 4.0」です。「PCIe 4.0 x16」の最大転送速度は32GB/s、「PCIe 5.0 x16」は64GB/sです。

なお、PCIeには下位互換性があり、たとえば「PCIe 5.0」スロットで「PCIe 4.0」対応グラフィックボードは利用可能です。

Ryzen 7000X3D シリーズ

■ ハイエンド向け高性能CPU

AMDは2023年2月、CPUの新製品「Ryzen 7000X3D」シリーズを発表しました。

Ryzen 7000X3Dシリーズは、ゲーミング、コンテンツ制作、ワークステーションに最適なCPUと説明。その新CPUは「ハイエンド向けの高性能CPU」に位置付けられています。

AMDが発表した新製品は、「**Ryzen 9 7950X3D**」「**Ryzen 9 7900X3D**」「**Ryzen 7 7800X3D**」の3モデル。価格の目安は、上位から699ドル（90870円）、599ドル（77870円）、449ドル（58370円）です（価格は1ドル130円で計算）。

図1-4-3　Ryzen 7000X3Dシリーズ

■ 動作クロックとTDP

　近年のCPUは、電力を効率的に使う機能があり、高負荷時にはクロック（周波数）を上げて動作し、低負荷時にはクロックを下げて、電力消費を抑制します。

　CPUの「最大動作クロック」の仕様には、「ベースクロック」と「ブーストクロック」という2種類のクロック指標があります。

　「ベース・クロック」とは、通常稼働時の最大クロックです。CPUは、おおむねベースクロック以下のクロックで動作します。

　「ブースト・クロック」とは、一時的にベース・クロックを超えて動作する際の最大クロックです。
　CPUに大きな負荷がかかるような処理が発生すると、動作クロックを上げて、処理能力を増強します。ブーストクロックの動作は、CPUに供給可能な電力を超えないよう、自動的に調整され、無理のない範囲でクロックアップします。

　7000X3Dシリーズ最上位の「Ryzen 9 7950X3D」は、16コア、ベースク

ロック4.2GHz、ブースト時には最大5.7GHzで動作します。

*

「Ryzen 7000シリーズ」のTDP（熱設計電力）は、**Ryzen 9**が170W、**Ryz**
en 7が105Wでした。

「Ryzen 7000X3D」では、どちらも120Wです。**Ryzen 9**のTDPは大幅
に下がっていて、新CPUの電力効率は向上しています。

表1-2 Ryzen 7000X3Dシリーズの主な仕様

モデル名	コア/スレッド	動作クロック(GHz)		キャッシュメモリ(MB)		TDP	価格(ドル)※
		ベース	最高	L2	L3		
Ryzen 9 7950X3D	16/32	4.2	5.7	16	128		699
Ryzen 9 7900X3D	16/12	4.4	5.6	12	128	120W	599
Ryzen 7 7800X3D	8/16	4.2	5.0	8	96		499

※価格は、製品発表時のAMDによる価格。

■ 処理効率を上げるSMTテクノロジー

CPUの「スレッド」とは、1つのコアで処理できる命令の作業単位です。
通常は「1コアで1スレッド」の処理を実行します。

インテルのCPUでは、「ハイパースレッディング・テクノロジー」によ
り、各コアで2つのスレッドを実行できます。

この技術により、1つのコアに対して、Windowsは「2つのコアがある」
と認識して、命令を制御して実行します。

実際のコアは1つなので、処理能力は2倍にはなりませんが、効率的に処
理が行なわれるため、処理能力は15〜30％向上します。

AMDは、インテルの「ハイパースレッディング」と同様の技術「SMT」
（Simultaneous Multithreading）を開発しました。その技術により、たと
えば16コアのCPUは32スレッドの処理が可能です。

■ 2種類のCCDを搭載

AMDは、ZenアーキテクチャのCPUダイを「**CCD**」(CPU Complex Die)と名付けています。

「Complex」は「複合の」や「いくつかの部分から成る」という意味で、CPUダイが複数の部分から構成されていることを表わしています。

＊

「Ryzen 7000X3Dシリーズ」は、2基のCCDから構成されますが、各CCDは仕様が異なっています。片方のCCDには「3D V-Cache」が搭載されていて、もう片方には搭載されていません。「3D V-Cache」搭載のCCDはややクロックを抑えて動作し、高速なキャッシュ読み込みが必要な処理に向いています。

たとえば、3D-CGアクションゲームの映像処理をスムーズに行なうためには、動作クロックよりもキャッシュの読み込み速度のほうが重要です。

もう片方のCCDは、より高いクロックで動作できるので、高速な計算処理を要するタスクに向いています。

2種類のCCDを効率的に使うには、タスクの内容に応じて、適切にCCDを選んで処理を割り当てる必要があります。そのためにはCPUおよびシステムのドライバの働きが重要です。AMDとマイクロソフトは協力して、システムの最適化に取り組んでいます。

早期に「Ryzen 7000X3D」を導入する場合には、AMD、Windows、マザーボードメーカーなどのCPU関連情報を、小まめに確認することをお勧めします。

■ オーバークロックは不可

「Ryzen 7000X3Dシリーズ」のCPUは、ユーザー設定によるオーバークロックが無効に設定されていて、動作電圧の設定も変更できません。その理由は「3D V-Cache」の熱耐性が低いことにあります。

　なお、「PBO」(Precision Boost OverDrive)や「Curve Optimizer」は利用できます。

　Ryzenシリーズには、「PB」(Precision Boost)が搭載されています。これは、処理能力の余裕に応じて、自動的に動作クロックをブーストする機能です。

　その際のクロックブーストは、CPU全体の電圧や温度を監視しながら、動作保証を超えない範囲でブーストします。

　一方、「PBO」では、動作保証の範囲を超える設定が可能です。

　「Curve Optimizer」は、コア電圧の変動幅を設定する機能です。「PBO」でブーストレベルを上げる場合には、「Curve Optimizer」を適切に設定する必要があります。

AMD 3D V-Cacheテクノロジー

■ 3D V-Cacheとは？

　「AMD 3D V-Cache」とは、「Ryzen 7000X3Dシリーズ」で採用された、メモリチップを積層させる技術です。その技術により、キャッシュメモリのデータ転送効率が大幅に向上しました。

　「3D V-Cache」は、半導体チップ接合方法の新技術の開発によって実現されましが、その仕組みを理解するために、順を追ってチップ圧着技術の変遷を解説します。

■ 「はんだパンプ」によるチップ圧着

　チップ同士の接続には、「ワイヤ・ボンディング」がよく使われます。「ワイヤ・ボンディング」は、電極同士を、直径十数マイクロメートルから数百マイクロメートルの金属ワイヤで接続する技術です。

　「ワイヤボンディング」では、ワイヤ配線の領域が必要なので、隣接するチップと一定の間隔を開ける必要があります。

　「はんだバンプ」方式を使うと、同じ広さの領域に、より多くのチップを並べることができます。「バンプ」は「突起」という意味です。
　チップまたは実装面の電極に「はんだバンプ」を形成し、チップを圧着します。圧着方法には、「熱圧着」と「超音波圧着」があります。

■ バンプ方式

　チップを固定するバンプ方式は、まず「C4」(Controlled Collapse Chip Connection)が開発され、その後に「マイクロバンプ」(micro Bump)が開発されました。

　「C4」は、微小なはんだボールを均等に並べて、チップと基板を圧着します。「C4」の最小ピッチは60μm程度です。

＊

　CPUの開発が進むと、プロセッサの上にキャッシュメモリを重ねる手法が採用されました。そうすることで、コアの実装面を大きくすることができます。「C4」は、キャッシュメモリの端子密度に対応できないため、より高密度な端子を圧着できる「マイクロバンプ」の技術が開発されました。「マイクロバンプ」では、30〜50μmピッチでバンプを形成できます。

　「マイクロバンプ」の工程では、まずウエハに「銅」(Cu)スパッタを施し、シード層を生成します。
　「スパッタ」とは、プラズマを発生させて、素材原子を基板に衝突させて成膜する技術です。

　次に、フォトレジストによりバンプ開口パターンを形成。「フォトレジスト」とは、樹脂などの素材を使って、「はんだ」を入れる位置に開口パターンを生成する工程です。

開口部に「はんだメッキ」を施し、その後にフォトレジストを除去する
と、端子に「はんだ」が乗った状態になります。その「はんだ」をリフロー
(加熱処理)して、「はんだバンプ」を形成します。

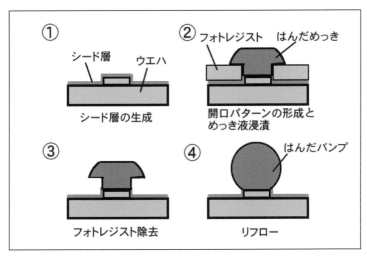

図1-4-4　マイクロバンプの工程

■ ハイブリッドボンド3D

チップを立体的に積層させることを「3Dスタッキング」と呼びます。

＊

「マイクロバンプ」は、「C4」より高密度ですが、AMDはCPUの性能を
追求するために、より高密度に「3Dスタッキング」できる「ハイブリッ
ドボンド3D」という接合技術を開発。その技術によるキャッシュメモリ
チップの「3Dスタッキング」を「AMD 3D V-Cache」と呼びます。

＊

従来のZen3プロセッサのダイの厚みのまま、その上にキャッシュメモ
リを積層させると、マザーボードのソケット規格に収まらず、冷却装置
(CPUクーラー)の互換性が保てません。

そこで、ダイの厚みを極限まで削り、その上に「3D V-Cache」を重ねて、
性能の向上と形状的な互換性の両立を果たしました。

*

AMDは、「重力のような宇宙の物理法則を用いた手法によって『ハイブリッドボンド3D』の接合を実現した」と説明しています。

分子レベルで完全に平坦な2つの平面を密着させると、その2面が結合して、1まとまりのユニットが形成されます。そのユニットの維持には、「はんだ」のような接合剤は一切使われていません。「ハイブリッドボンド3D」は、電気特性においても理想的な技術と言えるでしょう。

*

「Ryzen 7000X3Dシリーズ」は「3D V-Cache」により、3D-CGの処理能力が向上しました。

たとえば、「**Ryzen 7 5800X3D**」は96MBのL3キャッシュを搭載していて、1080Pの解像度の処理速度は、従来よりもおよそ15％向上します。その性能は、「**Ryzen 7 5800X**」や「**Ryzen 9 5900X**」を凌駕します。

「**Ryzen 7 5800X3D**」と「**Ryzen 7 5800X**」は、同じZen4アーキテクチャのCPUですが、「キャッシュメモリ」の実装方法の改善によって、大幅に性能が向上しました。

1-5 インテルのCPU

世代とコードネーム

インテルは長期に渡り、PC向けの主要CPU製品を「Core i」（コアアイ）というブランド名で販売しています。「Core i」の新製品は、おおむね1年ごとに発売されます。

「Core i」の新製品では、複数のモデルが発表され、それらの製品群には共通のアーキテクチャが使われています。

そのように特定の時期に発表された製品グループをまとめて、「第○世代」のように呼びます。「○」には、数字が入ります。

＊

　第1世代「Core i」の製品グループは2008年11月に発表され、その開発コードネームは「Nehalem」(ネハレム)でした。

　「Nehalem」の由来は、アメリカのオレゴン州の地名です。コードネームは、アメリカの地名から選ばれることが多いです。最近のコードネームでは、第11世代「Tiger Lake」、第12世代「Alder Lake」など、湖に由来する名称が続いています。

　開発コードネームはアーキテクチャ名でもあります。

　特定の世代のCPUと、そのCPUのアーキテクチャはおおむね発表時期が一致しますが、複数の世代に渡って共通のアーキテクチャが採用される場合もあります。また、同一世代で、異なるアーキテクチャのCPUが混在する場合もあります。

Alder Lakeの概要

　「Alder Lake」(アルダーレイク)は、「第12世代Core iシリーズ」のプロセッサに使われるアーキテクチャの開発コードネームです。

　「Alder Lake」は、これまでにインテルが培ってきた技術の集大成と言われています。その理由は、「Alder Lake」が、高性能を追求する「Golden Cove」(ゴールデンコーブ)と効率重視の「Gracemont」(グレイスモント)という二つのアーキテクチャを使うところにあります。

　「Gracemont」は、主にノートPC向けに開発された省電力アーキテクチャで、速度よりも効率を重視する処理を担当します。

　「Alder Lake」は、2種類のコアを搭載したハイブリッド構成になっていて、パワフルな処理から効率的な処理まで、多様に変化するタスクに対し、柔軟に対処します。

　「Alder Lake」と言えば、高性能プロセッサのイメージが強いですが、モバイル向けプロセッサも開発されています。

3つのカテゴリに対応

　プロセッサ製品は、たとえばデスクトップ向けは「Rocket Lake」、ノートPC向けは「Tiger Lake」といったように、利用目的によって異なるアーキテクチャを使い分ける場合と、同じアーキテクチャを使い、動作電圧を変えてカテゴリ分けする場合があります。

　「Alder Lake」は、どちらかと言えば後者ですが、「高性能コア」の「Pコア」と「効率（省電力）コア」の「Eコア」の割合を変える手法により、デスクトップからモバイルまで、同じアーキテクチャで対応します。

　「Pコア」の「P」は「Performance」、「Eコア」の「E」は「Efficiency」の頭文字を表わします。

　「Performance」には、「遂行」や「実行」の他に「高性能」という意味もあります。「Efficiency」は「効率」という意味です。

＊

　「Alder Lake」プロセッサには、「デスクトップ」「モバイル」「ウルトラモバイル」の、3種類のパッケージがあります。

　たとえば、「デスクトップ」カテゴリでコア数が16のプロセッサは、「Pコア」が8で「Eコア」が8です。「モバイル」は、P6とE8。「ウルトラモバイル」は、P2とE8。これらのコア数は、各カテゴリの最大コア数です。電力効率を優先するプロセッサは、「Pコア」の数を減らし、「Eコア」の割合を高くしています。

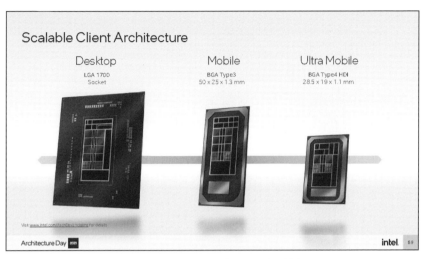

図1-5-1 Alder Lakeは幅広い用途に対応

　第12世代のデスクトップ向け「Core i シリーズ」のアーキテクチャは、デスクトップ向けを表わす「S」を付けて「Alder Lake-S」と表記されます。

　「Pコア」は「HTT」(Hyper-Threading Technology)に対応し、スレッド数はコア数の2倍。「Eコア」のスレッド数はコア数と同じです。

　たとえば、「Alder Lake-S」の「Core i9 12900K」は、8個の「Pコア」と8個の「Eコア」を搭載。「Core i9 12900K」のスレッド数は、「Pコア」の16(8x2)と「Eコア」の8の合計で、24スレッドになります。

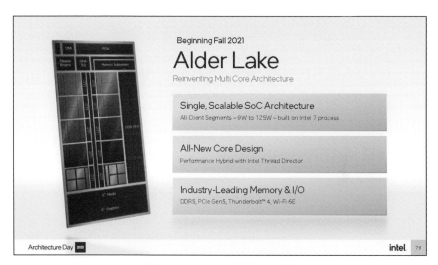

図1-5-2　Alder Lake-Sのコア構成

LGA1700

「Alder Lake-S」プロセッサのコンタクト数（ピン数）は1700で、マザーボードのソケットは「LGA1700」です。「LGA」はマザーボード側にピンがあるタイプのソケットです。CPUは多少雑に扱っても壊れませんが、ソケットのピンが曲がったり折れたりするトラブルが起こりやすいので、取り付け作業は慎重に行なってください。

GPUコア

「Alder Lake-S」プロセッサには、GPUコア搭載モデルと、非搭載モデルがあります。GPU非搭載モデルには、型番に「F」が付きます。

たとえば、「**Core i9 12900K**」は、「Intel UHD Graphics 770」というGPUを搭載しますが、「**Core i9 12900KF**」はGPU非搭載です。GPUの有無による価格差は、モデルによって異なりますが、GPU非搭載モデルは、7〜10％程度安いです。

　マザーボードに搭載された、HDMIなどの映像出力端子を使う場合には、GPU搭載プロセッサが必要です。

　ただ、マザーボードにGPU機能が搭載される場合もあるため、マザーボードの映像出力関連の仕様を確認する必要があります。

　グラボ（グラフィックボード）を取り付ける場合には、もちろんGPU非搭載モデルでかまわないのですが、そのような場合でもGPU搭載モデルを選ぶメリットはあります。

　万一、グラボにトラブルが発生した場合には、マザーボード搭載の映像端子を使って、メンテナンス作業を行なえます。

　また、グラボとオンボード端子の組み合わせで、4台以上のマルチモニタ環境を比較的簡単に構成できます。

「Windows 11」による最適化

　「Alder Lake」は、CPUの稼働状況をモニタリングし、スレッド割り当てを最適化する「Intel Thread Director」という機能を搭載しています。

　Windowsなどの OSが「Thread Director」に対応している場合には、CPUの稼働情報を取得し、タスクのスレッドへの割り当てを制御して、CPUの性能を最大限に活用できます。

　「Thread Director」によるタスクのスレッド割り当ては、以下の動作を基準として判定します。

・優先度の高いタスクは「Pコア」に割り当てる。

・AI（人工知能）系の処理は「Pコア」に割り当てる。

・バックグラウンドのタスクは「Eコア」に割り当てる。

・負荷レベルが低い場合は「Eコア」に割り当てる。

　優先度が高いタスクでも、負荷レベルが低くなれば、「Eコア」で処理します。

　つまり、OSの種類に関係なく、負荷が低い状況では「Eコア」を使って処理するので、Windows 10でも「Alder Lake」を使うメリットはあります。ただし、Windows 10では、高度なスレッド割り当てはできません。

　Windows 11は、「スレッドスケジューラ」の機能が強化され、「Thread Director」に対応しています。タスクに応じた割り当て処理が行なわれ、より高効率にCPUのリソースを活用できます。

　「Thread Director」はタスクの開始や終了を常時監視し、Windowsのシステムと連携して、随時最適化を図ります。

＊

　バッテリ駆動でノートPCを運用する際には、バッテリの残量に応じて最適な処理を行ないます。バッテリ残量が少なくなると、パフォーマンスよりも効率を重視する処理モードに移行します。

＊

　これまでのWindows 11の評価を簡単にまとめると、「セキュア性能の向上とAndroidエミュレータ搭載のメリットはあるが、それ以外はWindows 10とそれほど変わらないのではないか」という意見が多いです。

　しかし、「Alder Lake」の登場で、Windows 11の評価は以前よりも高まるでしょう。

　インテルによると、「Windows 11とAlder Lakeの組み合わせは、体感的にも大幅なパフォーマンス向上を実感できる」としています。

Alder Lakeの熱設計電力

　一般にCPUの消費電力は、「TDP」(Thermal Design Power)の数値を指標にしています。

　日本語で「TDP」は「熱設計電力」と訳され、CPUの周辺回路は、「TDP」

値に充分対応できるように設計する必要があります。

　回路設計の視点では、CPUが発する熱量を吸収できるように設計する必要があるので、「最大必要吸熱量」と言う場合もあります。

　本来「TDP」は、回路設計に必要な数値として提示されていますが、一般ユーザーは、その数値を指標として利用しているわけです。

＊

　近年のCPUには、作業負荷の増大を検知して、基本クロックを超えるクロックで動作する「ブースト」機能があります。

　AMDの「Zen 3」マイクロアーキテクチャのブースト機能の名称は「Precision Boost 2」です。「Alder Lake」のブースト機能は「Intel Turbo Boost Max Technology 3.0」です。

　AMDのRyzen 5000シリーズは、「Zen 3」を採用したプロセッサです。

　その中から「Ryzen 9 5950X」の仕様を見ると、TDPの表記は「デフォルトTDP/TDP：105W」となっていて、ブースト稼働時でも、TDPは105Wを超えません。ブーストされたコアは、消費電力が上昇しますが、ブースト機能はすべてのコアのクロックを上げるわけではなく、高負荷タスクを処理するコアのクロックを上げます。

　そのときにCPU全体の消費電力がTDPを超えないように制御されます。多大なリソースを要するタスクが発生すると、TDPを超えない範囲でクロックを上げて処理速度を高めます。

　近年の多コア、高クロック仕様のプロセッサでは、125W程度のTDPが一つの目安です。「Ryzen 9 5950X」は、16コア、32スレッド、基本クロック3.4GHz、最大（ブースト）クロック4.9GHzという高性能プロセッサでありながら、125Wを大幅に下回るTDP値です。これは「Zen 3」の7nmという製造プロセス技術の賜物（たまもの）でしょう。

＊

　「Alder Lake」の製造プロセス技術は「10nm Enhanced SuperFin」と

呼ばれていましたが、インテルはそれを変更し「Intel 7」と名付けました。

　10nmのプロセス技術を改良して「10nm SuperFin」が開発され、それをさらに改良したのが「Intel 7」です。

　「Alder Lake-S」の「**Core i9 12900K**」は、16コア（Pコア8+Eコア8）、24スレッド、基本クロック3.2GHz、最大クロック5.2GHzという仕様で、「Ryzen 9 5950X」に近い性能のプロセッサです。

　その電力仕様を確認すると、インテルの仕様表には「TDP」という記載が見当たりません。その代わりに表記されているのは、「Processor Base Power」（PBP）と「Maximum Turbo Power」（MTP）の値です。

　「**Core i9 12900K**」のPBPは125W、MTPは241Wです。前者は基本クロック、後者はブースト時の設計電力を表わします。

「Zen 3」と「Alder Lake-S」、どちらを選ぶ？

　「Zen 3」のコアは、すべて高性能コアで構成され、タスクの負荷に応じたクロック制御を行なって、全体のバランスを取っています。それに対し、ハイブリッド型の「Alder Lake-S」は電力耐性を高くして、より多くのコアをブーストできる仕様になっています。

　PCのアナリストやエキスパートによるベンチマークテストでは、テストの種類によって結果はまちまちで、どちらかが優れているとは言い切れません。ただ、単一スレッドの性能では「Alder Lake-S」の方が優位という結果が報告されています。

　価格を比較すると、「**Ryzen 9 5950X**」は9万円前後、「**Core i9 12900K**」は8万円前後となっていて、Core iシリーズのコストパフォーマンスは良好です。

＊

　さて、「Zen 3」と「Alder Lake-S」では、どちらを選ぶべきでしょうか。

比較的高負荷タスクが連続的に発生するような運用では、「Zen 3」が向いています。「低負荷またはアイドル時間が多めだが、高い瞬発力が欲しい」といった運用には「Alder Lake-S」が向いています。

一般的なPCの運用方法は、どちらかと言うと後者に近いのではないでしょうか。

第13世代Core iシリーズ

開発コード「Rocket Lake」は「第11世代」、「Alder Lake」は「第12世代」です。その次に発表された「Raptor Lake」は、「第13世代」にあたります。

新世代CPUの開発で、CPUの仕様が前世代から大幅に変わる場合と、基本仕様を踏襲して一部分が変わる場合があります。

これまでの流れでは、「第11世代」から「第12世代」で大きな仕様変更がありました。「第13世代」は「第12世代」の仕様を踏襲した改良版です。

「第13世代」のデザイン設計は、通常1年かかるところを、約半年という短期間で完了しました。

図1-5-3　第13世代のCore iシリーズ

第13世代CPUのラインナップ

「Raptor Lake-S」のCPUは2022年10月下旬、6種類の製品がリリースされました。GPU機能を搭載したCPUは、型番の末尾が「K」です。GPU機能を搭載していない場合には、型番の末尾に「F」が加わり、「KF」と表記されます。

新たに発売されたのは、「Core i9」「Core i7」「Core i5」の3つのブランドです。

価格は4万～8万円台前半。高性能の「Core i9」、バランスの取れた「Core i7」、コストパフォーマンスの「Core i5」といったラインアップです。GPU非搭載版はそれぞれ、約6～8%安価になっています。

表1-3 Raptor Lake-Sの主な仕様

ブランド	型番	Pコア	Eコア	スレッド	動作クロック(GHz)		GPU				キャッシュ(MB)		TDP(W)		価格(*)
					定格	最大	型番	EU	定格	最大	L3	L2	定格	最大	
									動作クロック(MHz)						
Core i9	13900K	8	16	32	P:3.0 E:2.2	P:5.8 E:4.3	UHD 770 なし	32	300	1650	36	32	125	253	81,500 79,700
	13900KF														
Core i7	13700K	8	8	24	P:3.4 E:2.5	P:5.4 E:4.2	UHD 770 なし	32	300	1600	30	24	125	253	58,500 57,000
	13700KF														
Core i5	13600K	6	8	20	P:3.5 E:2.6	P:5.1 E:3.9	UHD 770 なし	32	300	1550	24	20	125	181	46,000 42,800
	13600KF														

※価格は、2023年4月のおよその市場価格。

製造プロセス技術「Intel 7」

2021年3月に発売された第11世代の「Rocket Lake」は、14nm++プロセスで製造されました。「14nm++」の「++」は、14nmプロセスが改善されたことを表わしています。

インテルは、AMDよりも製造プロセスの微細化が遅れていますが、製造プロセス技術を改善して、CPUの性能を向上させています。

モバイル向けCPUの「Tiger Lake」は第11世代に分類されるアーキテクチャですが、10nmプロセスで製造されています。デスクトップ向けでは「Alder Lake」から10nmプロセスに移行しました。

インテルは、「Tiger Lake」の製造プロセス技術を「10nm SuperFin」と名付けました。「Tiger Lake」は、「10nm SuperFin」を改善した「10nm Enhanced SuperFin」で製造。そして、「10nm Enhanced SuperFin」の名称は「Intel 7」に変更されました。

「Raptor Lake」の製造プロセスも基本的には「Intel 7」ですが、インテルは従来のプロセスを改善したと述べています。ただ、「Intel 7」の名称は変更されていないため、その改善内容は軽微なものと考えられます。

「Raptor Lake」の互換性

「Raptor Lake」は「Alder Lake」を改良した仕様。対応ソケットは「LGA1700」なので、従来の600シリーズ・チップセット搭載のマザーボードでも「Raptor Lake」は動作するはずです。

ただし、「Raptor Lake」版のCPUを購入する際には、必ずマザーボードの対応状況を確認してください。マザーボードメーカーのWebサイトには、マザーボードのモデルごとに「CPUサポートリスト」の情報が掲載されています。

「Raptor Lake」のCPUは、DDR4とDDR5のメインメモリに対応します。どちらのメモリを使うかは、マザーボードの仕様に準拠します。

インテルは「Raptor Lake」の発売に合わせて、マザーボードメーカーに「700シリーズ・チップセット」を提供。新CPUの発売と同時期に「INTEL Z790」チップセットを搭載したマザーボードが発売されました。

図1-5-4 Z790を搭載したゲーミングマザーボード
「ROG MAXIMUS Z790 HERO」(ASUS)

多数のZ790搭載マザーボードが発売されていて、そのラインアップは充実しています。マザーボードを選ぶ際には、ボードの大きさ(複数の規格が存在)、対応メモリ、各種端子数など、多くのチェックポイントがあります。各製品の仕様をじっくり比べてから購入してください。

ハイブリッド・テクノロジー

第12世代のCPUから導入された「ハイブリッド・テクノロジー」は、インテルの最新CPUの大きな特徴で、「Raptor Lake」にも同じ機能が搭載されています。

「ハイブリッド・テクノロジー」は、「パフォーマンス・コア(Pコア)」と「高効率コア(Eコア)」という2種類のコアを1つのダイに統合し、高速

処理と省電力を両立させます。

　高速な処理が必要な場合には「Pコア」が稼働します。処理の負荷が少ない場合には、「Eコア」を使って、必要最低限の電力で処理します。

ハイブリッドCPUのコア数とスレッド数

　「ハイブリッド・テクノロジー」に対応したCPUでは、PコアはHTT（ハイパースレッディング・テクノロジー）に対応し、Eコアは対応していません。そのため、「Alder Lake」と「Raptor Lake」のスレッド数は、Pコア数の2倍とEコア数の合計になります。

　従来の「Alder Lake」の最大コア数は、Pコア8、Eコア8、合計16コアなので、最大24スレッドに対応します。「Raptor Lake」では、Pコア8、Eコア16、合計24コア、最大32スレッドに対応します。

　「Raptor Lake」では、コア数に加え、キャッシュも増強されています。そして、高負荷時には、Eコアも積極的に活用するような仕様に変更。インテルは、それらの総合的な仕様改善により、シングルスレッドで最大15％、マルチスレッドで最大41％の性能が向上したと発表しています。

 《HTTとは？》

　「HTT」（ハイパースレッディング・テクノロジー）は、インテルが開発した、見かけ上のスレッド処理を2倍にする技術です。HT対応のコアでは、WindowsなどのOSは、1つのコアが2つあるように認識して処理を進めます。
　コア1つあたりの処理速度が2倍になるわけではありませんが、命令の待ち時間が大幅に減って、効率的にCPUを稼働させることができます。HTによって、処理性能は15〜30％向上します。

動作クロックとキャッシュ

「Raptor Lake」では、従来よりも最大クロックが高く設定されています。同じブランド名（**Core i9**などの名称）では、「Alder Lake」よりコア数が増えているため、定格動作時でも性能は「Raptor Lake」のほうが優れています。

「Raptor Lake」はキャッシュメモリが大幅に増えました。L3キャッシュは20％の増量。L2キャッシュは2倍またはそれ以上に増量されています。

「Raptor Lake」の消費電力の特徴

「Raptor Lake」のTDP（熱設計電力）は、定格駆動時には従来製品とほとんど変わりませんが、最大駆動時には若干消費電力が高めです。「Raptor Lake」のCPUは、多少消費電力が増えても、高性能を求めるようなユーザーに向いています。

消費電力を抑えて、効率的に運用したい場合には、「Alder Lake」のCPUから選ぶことをお勧めします。「Alder Lake」では、定格時のTDPが35Wや65WのCPUを選べます。なお、「Alder Lake」の上位CPUでは、「Raptor Lake」との消費電力の差は少ないです。

統合GPU

「Raptor Lake」製品群の中で、特にデスクトップ向けCPUの開発コードは、「Raptor Lake-S」と表記して区別されます。「Raptor Lake-S」に搭載される統合GPUには、「UHD 770」を搭載。GPUコアは従来モデルと同じですが、最大クロックが高めに設定されています。

EU（Execution Unit, 実行ユニット）数は32、定格クロックは

300MKhzで、モデルによる差はありません。最大クロックに若干の差が
ありますが、映像処理の性能差は少ないです。

第2章

「グラフィック・ボード」に使われる技術

PCのグラフィック機能は、その名のとおり、基本的にPCの映像を出力するための機能です。

「映像処理」を司る「GPU」は、「浮動小数点演算が得意」という特徴があり、近年では「AI」や「マイニング」など、映像処理以外の用途にも「GPU」が活用されるようになりました。そのため、GPUの重要性が高まっています。

*

マザーボードやCPUなどを更新した場合には、同時にGPUもアップグレードすると、よりいっそうPCを快適に運用できます。

2-1 グラフィック・ボードとドライバ

GPUの役割の変化

「グラフィックボード」の動作には、「ドライバ」が不可欠です。「グラフィック・ボード」と「ドライバ」の関係性を知ると、グラボの動作設定の最適化を図ることができ、PCを円滑に運用できます。

*

PCには、映像情報を処理する機能が装備されていて、その処理を担当する回路を「GPU」(Graphics Processing Unit)と呼びます。

一般に「GPU」は、「CPU」のような形状の「プロセッサ」を指しますが、「グラフィック・ボード」(以下、「グラボ」)を「GPU」と呼ぶ場合もあります。

旧世代のPCでは、グラボは「グラフィック処理」のみを担当していました。

現在では、かつて「CPU」が担当していた処理の一部を「GPU」で処理する技術が開発され、GPUとCPUが連携して、より高度かつ高速な処理を効率的に行なっています。

多様化するGPU形態

PCの構成で、GPUがどのように装備されているかを知っておくことは、PC運用の重要事項のひとつです。

＊

基本的確認事項は「マザーボードにGPUが搭載されているかどうか」です。

マザーボード上にGPUが搭載されていると、マザーボードには、「HDMI」や「DVI」、「DisplayPort」などの映像出力端子があります。

マザーボードにGPUがない場合は、グラボを取り付けて、グラボの映像出力端子を外部モニタ（ディスプレイモニタ）につなぎます。

＊

近年、CPUにGPUを搭載したプロセッサが使われるようになり、そのようなGPUを「統合GPU」（Integrated GPU）と呼びます。

AMDは、GPU搭載CPUを「APU」（Accelerated Processing Unit）と名付けました。

一方、IntelのGPU搭載CPUは、特別な名称を付けていません。どちらのメーカーのCPUでも、購入時には、「統合GPU」の有無を確認する必要があります。

＊

たとえば、インテルのCPU「Core i5 12400」は「UHD Graphics 730」というGPUを搭載し、「Core i7 12700K」は「UHD Graphics 770」を搭載しています。

基本的に、上位のCPUには、より高性能なGPUが搭載される傾向があ

るので、CPUを選ぶ際には、GPUの性能も確認しておくといいでしょう。

ただし、同一アーキテクチャのCPUシリーズでは、同じGPUが搭載される場合もあります。

*

「GPU搭載CPU」は、「非搭載CPU」よりも高価ですが、その価格差は数千円程度なので、「GPU搭載CPU」はコストパフォーマンスに優れています。

*

「GPU搭載CPU」の発売に合わせて、「映像出力端子の使用には、GPU搭載CPUが必要」という仕様のマザーボードが登場しました。

そのようなマザーボードに、「GPU非搭載のCPU」を取り付けた場合には、映像出力端子は使えないので、マザーボードの「PCI Express」スロットにグラボを取り付ける必要があります。

図2-1-1　「第12世代インテルCPU」対応のマザーボード「PRO B660M-A DDR4」(MSI)
映像出力端子4つのうち、2つは「オンボード・グラフィック」の出力。

　また、オンボード・グラフィック（マザーボード上のグラフィック機能）を搭載していて、「GPU搭載CPUを取り付けると、マルチモニタの使用可能台数が増える」という仕様のマザーボードもあります。

　たとえば、「オンボード・グラフィックで2台のモニタが使用可能で、さらに「CPUの統合GPU」で2台のモニタを追加して、最大4台のモニタを使える」といった仕様です。

　そのようなマザーボードにグラボを追加すると、比較的低コストで、6～7台の「マルチモニタ環境」を構築できます。

「相性問題」をどう捉えるか

　新規にPCを組む場合には、「GPU搭載CPU」「オンボード・グラフィック」「グラボ」という選択肢の中から、「映像出力」をどうするか考える必要があります。

*

　1台のPCで複数のGPUを使う場合には、なるべく同じシリーズのGPUで揃えると、複数のドライバをインストールする必要がなくなり、PCの動作は安定しやすくなります。

*

　たとえば、マザーボードにオンボード・グラフィックが搭載されていて、性能強化のために異なるGPUを搭載するグラボを追加すると、1台のPCに異なる種類のGPUが同居する状況になります。

　そのような状況は、1台のPCで仕様の異なる複数の映像出力系を管理することになり、動作の不安定要因になる可能性があります。

　グラボを追加して複数のGPUを同時利用する際には、なるべく同じシリーズで揃えることをお勧めします。

　ここで言う「シリーズ」とは、「GPU回路のシリーズ」を指します。たとえば、AMDなら、「Radeonシリーズ」、NVIDIAなら「Geforceシリーズ」の系統です。

　「同じシリーズで揃える」というのは、必須事項ではなく、推奨事項です。
　最近のWindowsは、ドライバの管理機能が向上しているため、異なるGPU同士の相性問題は起こりにくくなっています。

　たとえば、オンボード・グラフィックまたは統合GPUを搭載したPCに、1枚のグラボを追加するような場合には、ほとんど相性問題は起こらないでしょう。

　2枚以上のグラボを追加する場合には、同系統のGPUを搭載したグラボで揃えると、「ドライバのインストールがスムーズに完了する」というメリットがあります。

ドライバの入手先による違い

■ Windowsで自動インストール

　「グラボ」(グラフィック・ボード)をPCに取り付けてWindowsを起動すると、グラボのドライバは自動的に読み込まれて、使えるようになります。

*

　GPUの開発メーカーはマイクロソフトにドライバソフトウェアを提供していて、そのドライバはWindowsに含まれています。

　ただし、Windowsに含まれるのは、グラボを動作させる基本的なドライバだけです。PCの一般用途では、そのまま問題なく使えますが、グラボのメーカーが提供するドライバには、グラボの機能を強化するソフトや、グラボの動作を詳細に設定するユーティリティソフトなどが含まれています。

■ 付属のドライバディスクとメーカー公式サイト

　グラボ製品を購入すると、ドライバを収録したディスク（DVD）が付属しています。

　ドライバのインストールには、そのディスクを使ってもかまわないのですが、グラボ・メーカーの公式サイトで最新バージョンのドライバを確認することをお勧めします。

　ディスクのドライバと最新ドライバで、バージョンナンバーが、かけ離れている場合には、最新ドライバを使ったほうがいいでしょう。

■「GPU開発元」と「グラボ・メーカー」の関係性

　GPUのチップや基本的な回路の設計は、GPU開発元の「AMD」や「NVIDIA」が行なっています。

　グラボ・メーカーは、その情報を基にグラボを開発し、GPUなどの主要パーツを仕入れてグラボを作ります。

＊

　AMDやNVIDIAの公式サイトでは、最新ドライバと旧バージョンのドライバをダウンロードできます。

　GPU開発元の公式サイトでは、グラボ・メーカーの公式サイトよりも、新しいドライバが入手できる場合があります。

「通常版」と「安定版」のドライバ

　グラボのドライバは、「通常版」（標準版）と「安定版」のどちらかを選んで利用できます。

■ 通常版

　「通常版」は、グラボの性能を充分に引き出せるように設定されたドライバで、高画質な動画再生や、3D-CGのゲームプレイなどに向いています。

　もちろん、ブラウザやワープロなど、一般的なソフトの利用でも問題あ

りません。

　ただし、連続的な高負荷が長時間続くような利用方法では、グラボへの負担が大きくなることに留意してください。

＊

　「通常版ドライバ」の名称は、NVIDIAでは「Game Ready ドライバ」、AMDでは「AMD Software:Adrenalin Edition」と呼びます。

■ 安定版

　「安定版」は、「コンピュータ支援設計 (CAD)」「ビデオ編集」「アニメーション制作」「グラフィックデザイン」などの業務用ソフト向けに最適化されたドライバで、「エンタープライズ版」や「ステイブル(Stable)版」などと呼ばれる場合もあります。

＊

　「安定版ドライバ」は、NVIDIAやAMDなど、GPU開発元の公式サイトからダウンロードできます。

　「安定版ドライバ」の名称は、NVIDIAでは「Studio ドライバ」、AMDでは「エンタープライズ向けRadeon Proソフトウェア」と呼びます。

ドライバの更新は必要か？

　GPU開発元では、特定のGPU搭載製品が終息するまでは、ドライバの改良を続けて、新バージョンのドライバを提供します。

　新バージョンのドライバが提供されたら、積極的にドライバを更新するユーザーは多いと思います。

＊

　しかし、現状で「何も問題なく動作している」「ソフトやゲームの利用で、ほぼ不満な点はない」という、2つの安定状態を保持している場合には、更新しないことをお勧めします。

　PCの運用の基本には、「安定動作している設定は変更しない」という考え方があります。

　ただし、「特定の状況で動作しなくなる問題が発生」「セキュリティに問題がある」など、メーカーから重大な不具合が発表された場合には、速やかにドライバを更新してください。

ユーティリティの活用

　「グラボ」は、いくつかのパラメータ（設定値）を、ユーザーが変更できるように設計されています。

　変更可能な主なパラメータには、「GPUクロック」「メモリクロック」「電圧」「最大温度」「冷却ファンの回転数」などがあります。

　一部のグラボ・メーカーは、それらのパラメータを設定するユーティリティ（設定変更ソフト）を無償提供しています。

　ユーティリティは概ね互換性があるので、他メーカーのグラボも設定できます。

図2-1-2　グラボ設定ユーティリティ「Afterburner」（MSI）

2-2　Intelの高性能グラフィック・ボード

Intelとグラフィック製品

「Intel（インテル）はなぜ唐突にグラフィック・ボード（グラボ）を作り始めたのか？」と思う人もいるかもしれませんが、PCの歴史を遡れば、そういう感想をもつのは当然でしょう。

＊

かつてIntelは、PC向けのグラボを開発していましたが、企業のリソースをCPU開発に集中させて、単体のグラボ製品を作らなくなりました。

ただ、マザーボード向けにはGPU機能を搭載したチップセットを提供していたため、Intel製のグラフィック機能を搭載したノートPCやPC用マザーボードは多数存在します。

近年では、CPUにもGPUを搭載する製品をリリースするなど、Intelには長年培ってきたグラフィック関連技術があります。

＊

最近の世界的な動向では、半導体やゲーミングマシンのニーズが高まっているのに、コロナ禍の影響で半導体製品の生産や物流が滞ってしまったため、ハイエンド向けグラボ製品が品薄になる状況が続きました。[※1]

おそらくIntelは、そのような現状を精査して、ハイエンドグラボに商機があると考えたのでしょう。グラボ製品では、「NVIDIAとAMDの2強」という状況にIntelが加わり、選択肢が増えることになり、上級ゲーマーはもちろんのこと、一般のPCユーザーにもメリットがあるでしょう。

※1　新型コロナの世界的流行から3年後の2022年ごろから、PC関連パーツの供給は安定し、グラボの品薄状況はほぼ解消しています。

Intel主催のオンラインイベント

Intelは2021年8月、最新の自社製品や技術を披露するオンラインイベント「Intel Architecture Day 2021」を開催。

そのイベントで、次世代プロセッサ「Alder Lake」（アルダーレイク,開発コードネームの呼称）や、消費者向け高性能グラフィックスブランド「Intel Arc」などを発表しました。

「Intel Arc」というブランド名

「Intel Arc」は、複数の開発世代を含む、グラフィック関連製品の包括的なブランド名です。

「Intel Arc」シリーズの開発コードネームは、「Alchemist」「Battlemage」「Celestial」「Druid」などの名称が使われます。

*

Intelは、「Alchemist」の第1世代製品を手始めに、2021年から2025年にかけて、グラボ製品を拡充することを表明しています。

「Arc」という名称は、「ストーリーアーク」(Story arc)に由来します。「ストーリーアーク」は、マンガ、映画、ゲームなど、「シリーズもの」の物語の骨子であり、年代順に並べた構成を示す情報です。

最初の「Intel Arc」製品のコードネーム「Alchemist」は、「錬金術師」という意味。今後は、「Battlemage」(魔法使い)「Celestial」(天使)「Druid」(僧侶)などのコードネームで開発されることが公表されています。

これらの名称から、「Intel Arc」はゲーミング用途を強く意識していることが窺えます。

*

「Intel Arc」シリーズでは、NVIDIAの最上位製品に対抗するような製品は、すぐには出てこないでしょう。当面は、売れ筋価格帯の製品ラインアップが中心になります。

Xe-HPGのユニット構成

「Xe-HPG」は、複数の基本単位ユニットをまとめて、それをより大きな
ユニットとして、複数ユニットを束ねて扱うという構成になっています。
その基本単位となるユニットが「Xe-core」です。

図2-2-1　Xe-core

「Xe-core」は、16基のベクタ演算エンジン「Vector Engine」と、16基の
マトリックス演算器「Matrix Engine」を搭載。そして、それらブロックの
動作に必要な、ロードストアユニットやL1キャッシュを装備します。

「ロードストア・ユニット」は、「ロード・ユニット」と「ストア・ユニッ
ト」から構成されます。

「ロードストア・ユニット」には、「RAMメモリ」と「レジスタ」(演算装
置に直結した記憶回路)間のデータの受け渡しを制御する役割がありあ
ます。

「ロード」は、「RAMメモリ」から「レジスタ」へ情報を保存する動作で
す。「ストア」はその逆方向の情報保存です。

「Xe-HPG」は、8基の「Render Slice」を、グループ化された「クラスター」として構成されます。

1基の「Render Slice」は、4基の「Xe-core」、4基の「Ray Tracing unit」、4基のサンプラー、4基の「Pixel Backend」、ジオメトリ・エンジン、ラスタライザ、「HiZ」(Hierarchical Z, 階層型Zバッファ)を搭載します。

図2-2-2 Render Slice

レイ・トレーシング

「レイ・トレーシング」(Ray Tracing, 光線追跡法)とは、光線(レイ)を追跡(トレース)し、特定位置で観測(サンプリング)される像をエミュレートする手法です。

特定の3D座標に届く光線を逆にたどり、物体表面の反射率、透明度、屈折率などを反映させた映像を生成します。

＊

高詳細に光線を追跡すると、水の波紋や、鏡状表面に映り込んだ周囲環境などをリアルに描画できます。

ただし、リアルタイムに3D-CG(3次元コンピュータグラフィクス)を生成する処理には、膨大かつ高速な演算が必要です。

＊

　「Intel Arc」のGPUは、「DirectX 12 Ultimate」をフルサポートする予定です。「Xe-HPG」は、「DXR」(DirectX Ray Tracing)に対応するゲームの3D-CGの光源処理に、高度なレベルで対応できます。

＊

　「DirectX」(ダイレクトエックス)とは、マイクロソフトが開発した、ゲームやマルチメディアの情報を処理するための「API」(Application Programming Interface)です。

ジオメトリとラスタの処理

　3D-CGにおける「ジオメトリ」とは、頂点の座標や線分など、形状の定義を意味します。「ジオメトリ・エンジン」では、3D-CGの座標変換に特化した処理を行ないます。

　「ラスタ (Raster)」とは、3D-CGデータなどを平面座標に配置して、画素の集合体で表現することを指し、ラスタ処理を行なう機能を「ラスタライザ」と呼びます。

　「ジオメトリ・エンジン」で3D処理を行ない、「ラスタライザ」で最終出力用のデータを生成します。

3D-CG表示の効率化手法

　3D-CGの表示には、高速な座標演算と映像データの送出が行なわれ、そのデータ量は膨大です。

　3D-CGを用いたゲームでは、プレイヤーの操作に対して、遅延なく映像を表示しなければなりません。

　映像のデータ量を減らせば、遅延は起こりにくくなりますが、映像品質が劣化すると、プレイヤーのゲームへの没入感を損なってしまいます。

＊

　そこで、簡単に言えば「モニタに表示しない部分の演算を簡略化する」という手法で、高品質映像と遅延の回避を両立します。

3D-CGの表示では、モニタに映るのは平面画像ですが、前面のオブジェクトに隠れて見えない部分でも、常にレンダリング処理が行なわれています。

通常の物理現象では、その部分の前にオブジェクトがあれば見えなくなりますが、3D-CGでは、背面にあって隠れる部分に対し、「背面のオブジェクトを描かない」という処理を行ないます。そのような処理を、「隠面消去」と呼びます。

3D-CGの表示では、平面座標位置に対応する奥行として、「Z値」を与えます。「Z値」は、「Zバッファ」に格納され、複数のオブジェクトを描画する際には、各オブジェクトの「Z値」を比較して、最前面オブジェクトのドットのみを表示します。

その結果、見えてはいけないドットは「隠面消去」されます。そのような「隠面消去」の手法を「Zバッファア法」と呼びます。「Zバッファ」はブロック単位で管理され、メモリ帯域の効率化を図ります。

＊

「DXR」は、「レイ・トレーシング」をサポートし、3D-CGゲームで映画レベルの美麗な映像を表示できます。

DirectXの「VRS」(ヴァリアブル・レート・シェーディング)は、3D-CGの見える部分は高品質に表示し、見えない部分の品質を落とす技術です。

ヴァリアブル (variable)とは、「可変的な」という意味です。

「VRS」は映像品質を下げずにデータ転送量を減らせるため、ネットワークゲームのスムーズなプレイを支援します。

深層学習による超解像度処理

最近では4K解像度 (約4000×2000ピクセル程度)対応モニタの普及が進み、もはや4Kはハイエンドではなく、ミドルクラスの解像度だと言えるようになってきました。

しかし、3D-CGの4K表示はそれほど簡単ではありません。

リアルタイムのレイ・トレーシングでは、扱うデータ量が膨大になるため、高解像度表示の難易度が指数関数的に上がります。

リアルタイムの3D-CGの高解像度表示では、レンダリングの解像度を下げて、高フレームレートを維持し、解像度の不足分を補完する処理をしてから出力することによって、見かけ上の高解像度映像を表示するという手法をとります。

Intelは、深層学習を用いて、元の解像度になるように映像を補完する技術「Xe Super Sampling」(Xe SS)を開発し、「Xe HPG」に導入しています。

フレーム前後のラスタや光線、オブジェクトの移動量などの情報を基に、ニューラルネットワークによる深層学習を行ない、不足分の情報を付与した高解像度映像を出力します。

2-3 Intel Arc Aシリーズ

図2-3-1　Intel Arc A770

Arc Aシリーズの製品ラインアップ

　Arc Aシリーズでは、5製品が発表されています。

　エントリークラスは、「A310」と「A380」の2種類。両製品の基本性能は同じで、熱設計電力（TDP）は75W。メモリ容量が異なり、「A310」が4GB、「A380」が6GBです。

　ミドルクラスの「A580」は、TDP175W、8GBのメモリを搭載。アッパーミドルクラスは、「A750」と「A770」の2種類で、TDPはどちらも225W。「GDDR6」メモリを搭載し、容量は8GBと16GBのモデルがあります。

＊

　Arc Aシリーズには、2022年9月から年末にかけて発売されました。

　「A380」搭載モデルは、ASRock製の「Intel Arc A380 Challenger ITX 6GB OC」が、22,000〜28,000円という価格帯です。

　「A750」は約35,000円、「A770」は約40,000円です（GDDR8GB）。

　Arc Aシリーズの価格は、性能が同程度のAMDやNVIDIAの競合製品に近い価格で販売されています。[2]

※2　価格は2023年4月の実勢価格。「A310」および「A580」搭載のグラボは未発売。

A750の性能

　インテルは、「A750」と「NVIDIA Geforce RTX3060」を比較した複数種のベンチマーク結果を発表しています。比較に使ったPCは、グラボ以外はまったく同じパーツ構成です。

　インテルによれば、「F1 2021」を用いたベンチマークでは、「A750」が「RTX3060」より17％速い結果を得られたとしています。

　「F1 2021」は、英コードマスターズが開発した自動車レースのゲームです。高フレームレートの高解像度映像出力に対応しているため、映像処

理のベンチマークにも使われます。

*

インテルが実施したベンチマークでは、解像度を2560×1440ドットに設定して、平均フレームレートを計測。「A750」は平均192fps、「RTX3060」は164fpsという結果でした。

また、「Cyberpunk 2077」によるベンチマークでも、15%高速だったと発表されています。「Cyberpunk 2077」は、荒廃した未来都市が舞台のアクションアドベンチャーゲームです。

*

インテルは、「DirectX 12」や「Vulkan」（ヴァルカン）で動作するゲームによるベンチマークも実施し、「A750」は「RTX3060」よりもわずかに高性能だとする結果を発表しています。

「Vulkan」は、ロイヤリティフリーで利用でき、クロスプラットフォームで動作する3D-CGのAPIです。

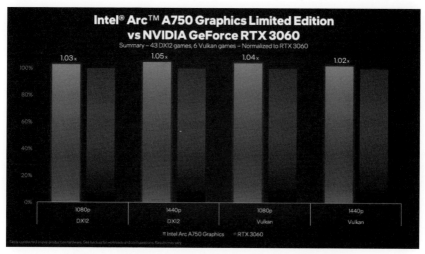

図2-3-2　DirectX 12とVulkanのゲームでA750とRTX3060を比較

《ドライバ開発の遅れに不安感》

　「Arc Aシリーズ」は、ドライバソフトの開発の遅れにより、発売が延期されたという経緯があります。

　インテルは、GPU製品開発の実績はありますが、ゲーミングPC向けグラボでは、多くの部分が新設計なので、NVIDIAやAMDと比べると、ドライバの熟成レベルはやや劣ると考えられます。

　「Arc Aシリーズ」の購入を検討する場合には、「コストパフォーマンスが良ければ」という条件を付けるといいでしょう。

第3章

「マザーボード」に使われる技術

パソコンを構成する部品の中で、「CPU」や「ビデオカード」は、花形で "主役"のイメージがあります。

たしかに、これらはパソコンの性能を決定付ける重要なパーツですが、それらを含めたさまざまなパーツを連携させて、「パソコン」として成り立たせるのが「マザーボード」の仕事。「パソコン」にはなくてはならない、不可欠な部品なのです。

3-1 「マザーボード」の役割とは

「マザーボード」は、パソコンにはなくてはならない不可欠なPCパーツです。PCパーツと言えば「CPU」や「ビデオカード」が主役といった印象をもつ人も多いかと思います。

たしかに、「CPU」や「ビデオカード」はパソコンの性能を決定付ける、重要なPCパーツですが、それらのPCパーツを連携させて「パソコン」として成り立たせるのが、「マザーボード」の仕事になります。

「マザーボード」は、「パソコンの土台」

PCパーツの中で、「マザーボード」は、「パソコンの土台」と表現されることがあります。

*

「マザーボード」の大きな役割のひとつとして、各PCパーツ間でのデータの受け渡しを行なうというものがあります。

それはつまり、すべての「PCパーツ」は「マザーボード」に接続する必要があるということを意味し、「マザーボード」の上に「全PCパーツ」が

載ることで、はじめて「パソコン」として動作するようになります。

「マザーボード」は、まさに「パソコンの土台」と言えるでしょう。

*

また、パソコンを構成するPCパーツは、世界中のさまざまなメーカーから販売されているPCパーツです。

これらの多くのメーカーのPCパーツを集めて「マザーボード」に接続し、問題なく1台の「パソコン」として機能させるために、「パーツ構造」や「データ伝送」、「インターフェイス」などは、規格として厳格に定められています。

*

「PCパーツ」の中心となるマザーボードの「規格」や「機能」について、詳しく見ていくことにしましょう。

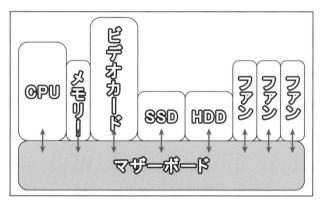

図3-1-1 「マザーボード」にいろいろな部品が接続されて「パソコン」になる

3-2 「マザーボード」の規格

構造を定めた規格「ATX」

　「マザーボード」をPCケースにネジ止めしたり、拡張カードを増設したときにPCケースと干渉せずに正しく取り付けられるのは、大きさや位置などがしっかりと規格化されているからです。

　このような構造の規格を、「フォーム・ファクタ」と呼び、現在のパソコンで広く用いられているのが「ATX」（Advanced Technology eXtended）です。
　「ATX」は主に、マザーボード、PCケース、電源ユニットの大きさなどに関係する規格となります。

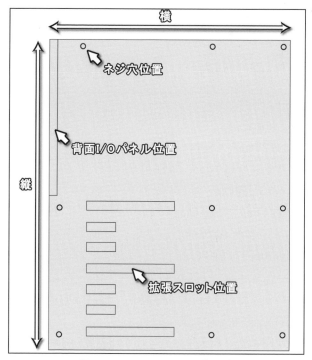

図3-2-1　フォーム・ファクタ「ATX」
「マザーボードの寸法」「ネジ位置」「背面I/Oパネル」位置、
「拡張スロット」位置などが規格として定められている。

　「ATX」は、1995年にIntelが策定した「フォーム・ファクタ」で、25年以上パソコンの構造におけるデファクト・スタンダードとして君臨し続けています。

　なお、Intelは2003年に」「後継規格」として「BTX」(Balanced Technology eXtended)を発表しましたが、普及せず、「ATX」が使われ続けています。

　ずっと「ATX」が使われ続けているので、20年前のPCケースを現代に流用するといったことも可能です。

さまざまなサイズのマザーボード規格

　パソコンのサイズにバリエーションをもたせるために、「ATX」から派生した規格がいくつかあります。

　当然、それぞれの規格でマザーボードのサイズも異なりますが、無秩序にバラバラなサイズではなく、あくまでも「ATX」を基準としたサイズ設計がなされています。

*

　代表的な「マザーボード」の「規格」と「サイズ」を挙げていきましょう。

【ATX】縦305mm×横244mm

　基準となる大きさ。

【Micro-ATX】縦244mm×横244mm

　ATXの縦サイズを縮小して、ほぼ正方形のサイズに。小型の「マイクロタワーパソコン」向け。

【Flex-ATX】縦244mm×横191mm

　「Micro-ATX」の横サイズを縮小し、さらに小型のPC向けとしたサイズ。

【Mini-ITX】縦170mm×横170mm

　「台湾VIAテクノロジー」が開発した「フォーム・ファクタ」で、ATXとは異なる系譜の規格。より小型の「ミニPC向け」のサイズ。

【Extended-ATX】縦305mm×横330mm

　ATXの横幅を拡張した大型マザーボード規格。マルチプロセッサ搭載のサーバ・ワークステーションのマザーボード向け。

　上記5つのマザーボード規格のうち、パソコン向けとして現在広く使用されているのは「ATX」「Micro-ATX」「Mini-ITX」の3規格です。

　3規格の「寸法」、および「ネジ穴位置」を図に書き起こすと、次のようになり、「背面I/Oパネル部」を起点に、ネジ穴の位置など共通部分が多いことが分かると思います。

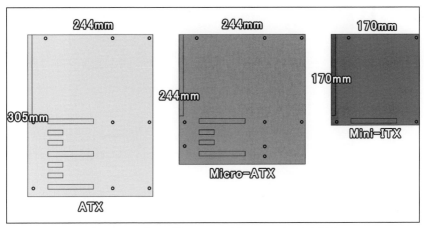

図3-2-2　　「ATX」「Micro-ATX」「Mini-ITX」の寸法略図

　「マザーボード」のサイズ規格は「後方互換性」が保たれており、基本的に"大は小を兼ねる"ようになっています。

　つまり「ATX規格PCケース」には、「Micro-ATX」や「Mini-ITX」のマザーボードも取り付け可能となっています。
＊
　逆に、当たり前ではありますが、「Micro-ATX規格PCケース」に、より大きい「ATXマザーボード」を取り付けることはできません。

　ただ、「Micro-ATX」には「ATX」にはないネジ穴位置が存在するため、「ATX規格PCケース」に「Micro-ATXマザーボード」を取り付ける際は、

PCケース側にネジを受ける「スペーサー」(六角スペーサー)を追加設置する必要があります。

　PCケースには予備の「六角スペーサーが付属しているはずなので、紛失しないように気を付けましょう。

図3-2-3　「ATX規格PCケース」に備わる「六角スペーサー」設置位置
「Micro-ATXマザーボード」を取り付ける際には、☆位置に「六角スペーサー」を追加する。

図3-2-4　六角スペーサー
「マザーボード」取り付けの際は、このような「六角スペーサー」をPCケースに取り付ける。PCケースに付属している予備もなくさないように注意。

小さいATXマザーボード

「マザーボード」の構造は規格で厳密に定められていますが、実は規格サイズよりも、少し小さいマザーボードも存在します。

特に「廉価版」などの安価なマザーボードには、横方向を縮小することでコストダウンを図ったモデルが時折見られます。

図3-2-5 フルサイズの「ATXマザーボード」と比較して、横方向が数cm小さいマザーボード

このような、幅の狭い「ATXマザーボード」は、マザーボードの右端を支えるスペーサーがないため、ケースに取り付けた際にマザーボードの右端が微妙に浮いた状態になってしまいます。

この状態で電源コネクタの取り付けやメモリの装着など大きく力を加える作業を行なうと、マザーボードが必要以上にしなるのを実感します。

あまり乱暴に扱うと、故障の原因となる可能性もゼロではないので、力加減には注意しましょう。

3-3 マザーボード上のさまざまなパーツ

マザーボード上には、PCパーツを接続するための「ソケット」や「コネクタ」といった、パーツが多数実装されています。

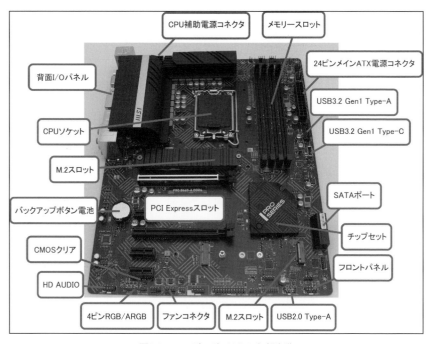

図3-3-1　マザーボード上の各部名称

これら各部パーツについて、詳しく見ていきましょう。

3-4 CPUソケット

Intel系CPUのCPUソケット規格

「Coreプロセッサシリーズ」(Core i9-13900Kなど)に代表されるIntel CPUに対応するマザーボードには、「LGA○○○○」と名付けられた「CPUソケット」が搭載されています。

○○○○の部分には、CPUソケットに備わる「ピン数」がそのまま名称として用いられていて、他世代のCPUソケット規格との見分けられるようになっています。

*

LGAは「Land Grid Array」の略で、「接続ピン」が「CPU側」ではなく「CPUソケット側」に生えています。

CPU側は平坦な電極が備わるだけなので、破損の危険性が低いのが特徴です。

*

一方で、CPUソケット側のピンは非常に繊細で、少し触れるだけでも簡単に曲がってしまうため、CPUよりもマザーボードのほうが慎重な取り扱いを求められます。

図3-4-1　LGA対応CPUの裏側
ピンが生えていないので物理的な破損の心配がかなり減った。

図3-4-2 「LGA1700」のCPUソケット
ピンは非常に繊細。

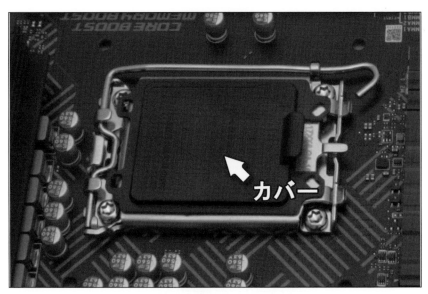

図3-4-3 CPUを装着していない間、「CPUソケット」には必ず「ソケットカバー」を取り付ける
マザーボードに同梱されていた「ソケットカバー」は紛失しないように

　直近世代のCPUソケット規格は、「LGA1700」と「LGA1200」。

　「LGA1700」は「第13世代Coreプロセッサ」と「第12世代Coreプロセッサ」、「LGA1200」は「第11世代Coreプロセッサ」と「第10世代Coreプロセッサ」で用いられました。

＊

　「CPU」と「CPUソケット規格」は対の関係になっていて、対応するもの同士でなければ装着することができません。

　さらに、CPUソケット規格が適合していても、チップセットの世代やBIOSバージョンによっては動かないこともあるので、「CPU」と「マザーボード」の組み合わせは、注意深くチェックする必要があります。

AMD系CPUのCPUソケット規格

　AMDのCPU・APUである「Ryzenシリーズ」に対応するマザーボードには、「Socket AM5」もしくは「Socket AM4」と名付けられたCPUソケットが搭載されています。

＊

　2017年に登場したCPU「Ryzen 1000シリーズ」から「Ryzen 5000シリーズ」までが「Socket AM4」、2022年に登場した「Ryzen 7000シリーズ」より「Socket AM5」に適合します。

　「Socket AM4」は「PGAタイプ」(Pin Grid Array)のCPUソケットで、CPU側に多数のピンが生えており、CPUソケット側にはピンを受ける多数の穴が空いている、昔ながらのCPUソケットの形態です。

＊

　取り扱いの際は、CPUのピンを折らないように気を付けたり、CPUクーラーを取り外すときは、CPU本体がCPUクーラーにくっ付いたままCPUソケットから抜けてしまう、通称"CPUスッポン"を起こさないように気を付ける必要があります。

　「Socket AM5」からはIntel CPUと同じ「LGAタイプ」に変更されたので、取り扱い方についてもIntelの「LGA1700」などと同様になります。

　またCPUクーラーについては「Socket AM4」「Socket AM5」で互換性があるので、昔の「AMD CPU向けCPUクーラー」を使い続けることも可能です。

図3-4-4　「Ryzen 5000シリーズ」まではCPU側にピンが生えているので、折ってしまわないよう取り扱いに注意

図3-4-5　「Socket AM5」は「LGAタイプ」を採用
CPUの固定方式もIntelと似たような感じに（COMPUTEX TAIPEI 2022基調講演ビデオより）

3-5 チップセット

「マザーボード」で最も重要なパーツ

「マザーボード」は、さまざまなPCパーツを接続し、互いにデータの受け渡しをできるようにするPCパーツです。

データ伝送の制御には「専用チップ」が用いられ、この専用チップを「チップセット」と呼びます。マザーボードの中でも、最も重要な部品のひとつです。

*

「チップセット」は、使用するCPUと対の関係になっており、「Intelの CPUにはIntelのチップセットを搭載したマザーボード」、「AMDのCPU にはAMDのチップセットを搭載したマザーボード」が、必ず必要になります。

*

このことから、マザーボードは大きく「Intel系マザーボード」と「AMD 系マザーボード」に大別されます。

「チップセット」の「グレード」で拡張性に差が出る

「チップセット」は、マザーボード上でいちばん重要なパーツなので、各社マザーボードの製品名には、必ずチップセット名が含まれており、どのチップセットを搭載しているモデルなのかが、一目で分かります。

*

Intel、AMDともに"ハイエンド～エントリー"まで、いくつかのチップセットがラインナップされており、ハイエンドから順に、Intelは、「Z790/ H770/B760」、AMDは「Socket AM5」向けが「X670E/X670/B650E/ B650/A620」、「Socket AM4」向けが「X570/B550/A520」が現行チップセットのラインナップです。

　これらのチップセットの選択によって、マザーボードのグレード（価格帯）も大方決まります。

図3-5-1　「ROG STRIX Z790-A GAMING WIFI D4」（ASUS）
ASUSの人気マザーボード「ROG STRIXシリーズ」。「Z790」が名前に含まれる。

図3-5-2　「ROG STRIX B760-F GAMING WIFI」（ASUS）
同じく「ROG STRIXシリーズ」。チップセットが下位の「B760」だと分かる。

例として、「Intel 700シリーズ チップセット」の仕様を**表3-1**にまとめてみましょう。

表3-1 「Intel 700シリーズ チップセット」仕様表

	Z790	H770	B760
CPUオーバークロック	○	-	-
メモリーオーバークロック	○	○	○
DMI	DMI4.0x8	DMI4.0x8	DMI4.0x4
CPUからのPCI Express 5.0	x16またはx8+x8	x16またはx8+x8	x16
CPUからのPCI Express 4.0	x4	x4	x4
PCI Express 4.0レーン数	20	16	10
PCI Experss 3.0レーン数	8	8	4
SATAポート数	8	8	4
USB 3.2 Gen2x2（20Gbps）	5	2	2
USB 3.2 Gen2（10Gbps）	10	4	4
USB3.2 Gen1	10	8	6
USB2.0	14	14	12
RAID 0,1,5	○	○	-

表3-1によると、オーバークロック対応といった特殊機能の差もありますが、いちばん大きな違いは「拡張性」にあります。

＊

「SATAポート数」や「USBポート数」の違いも重要ですが、特に重要なのがチップセットのもつ「PCI Expressレーン数」です。

「PCI Expressレーン数」は、マザーボード上の「M.2スロット」や「PCI Expressスロット」の数や組み合わせを左右します。

　たとえば、「Z790」と「B760」の典型的な「M.2スロット」と「PCI Express スロット」の構成は**図3-5-3**のようになります。

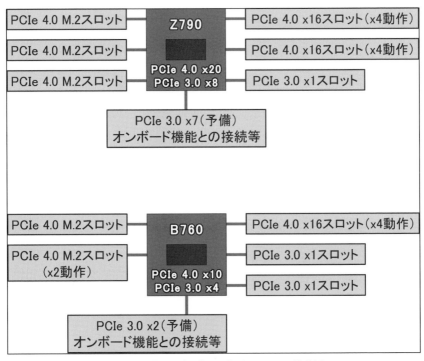

図3-5-3　「Z790」と「B760」の拡張スロット構成例
実際のマザーボード上には、この他にCPU直結の「PCI Express 5.0 x16」と「PCIe 4.0 M.2スロット」が1基ずつある。

　パッと見で、「Z790」のほうが、拡張性が高く、「B760」はスロット数的にも各スロットの転送速度的にも「Z790」より明らかに見劣ります。

　これが上位/下位チップセットの差で、「M.2 NVMe SSD」をたくさん搭載したいといったプランがあるなら、チップセットは「Z790」一択となります。

　これはAMD系マザーボードでも同様のことが当てはまります。

＊

　ただ実際のスロット構成はマザーボードのモデルごとに異なり、同じチップセットでもスロットの搭載パターンはいろいろです。マザーボードの仕様はしっかり確認するようにしましょう。

3-6 メモリスロット

「DDR4 SDRAM」と「DDR5 SDRAM」

　現在、パソコンで使われているメモリは「DDR4 SDRAM」「DDR5 SDRAM」という2つのメモリ規格に則ったものがほとんどを占め、パソコンにどの規格のメモリを用いるかは、マザーボードの仕様に従います。

＊

　「DDR4 SDRAM」と「DDR5 SDRAM」の最大の違いは転送速度で、同じメモリクロックであれば「DDR5 SDRAM」が2倍の転送速度に達します。

表3-2　DDR4 SDRAMとDDR5 SDRAM」の違い

	DDR4 SDRAM	DDR5 SDRAM
長所	・安価 ・選択肢が豊富	・高い転送速度
短所	・高速なメモリは相応に高価 ・もうすぐ世代交代となる	・若干高価 ・DDR5 SDRAMでも高速な規格でなければDDR4 SDRAMとの性能差はあまりない
総括	・安価に大容量メモリを搭載したいのならコチラ！	・価格も安定し高速製品も登場してきたのでそろそろ世代交代が本格化しそう

図3-6-1 「DDR5 SDRAM」対応の「PRO Z790-P WIFI」(MSI)
Intel第12/13世代Coreプロセッサ対応の「DDR5 SDRAM」仕様マザーボード。

図3-6-2 「DDR4 SDRAM」対応の「PRO Z790-P DDR4」(MSI)
Intel第12/13世代Coreプロセッサは「DDR4 SDRAM」にも対応するので、ほぼ同仕様で「DDR4 SDRAM」仕様のマザーボードを展開しているメーカーもある。間違えないように注意。

図3-6-3　「DDR5 SDRAM」対応の「TUF GAMING X670E-PLUS」(ASUS)
AMDプラットフォームの「Socket AM5」は「DDR5 SDRAM」のみ対応。

図3-6-4　「DDR4 SDRAM」対応の「TUF GAMING X570-PLUS」(ASUS)
AMDプラットフォームの「Socket AM4」は「DDR4 SDRAM」のみ対応。

メモリの規格と転送速度

「メモリ」は、転送速度ごとに細かく規格が定められており、マザーボードの仕様書には、どの転送速度のメモリ規格まで対応しているかなどが記載されています。

その記載をもとに対応する規格のメモリを購入すれば、問題なく使用できるというわけです。

*

ここでは、現在よく用いられているメモリ規格の一覧を記載します。

表3-3　メモリ規格の一覧

チップ規格	モジュール規格	転送速度	JEDEC規格
DDR4-2666	PC4-21333	21.3GB/s	○
DDR4-2933	PC4-23466	23.4GB/s	○
DDR4-3200	PC4-25600	25.6GB/s	○
DDR4-3600	PC4-28800	28.8GB/s	
DDR4-4000	PC4-32000	32GB/s	
DDR5-4800	PC5-38400	38.4GB/s	○
DDR5-5200	PC5-41600	41.6GB/s	○
DDR5-5600	PC5-44800	44.8GB/s	○
DDR5-6000	PC5-48000	48GB/s	○
DDR5-6400	PC5-51200	51.2GB/s	○
DDR5-7200	PC5-57600	57.6GB/s	

「**チップ規格**」は、メモリチップ1枚1枚に対する規格で、「**モジュール規格**」は複数枚のメモリチップを搭載した1枚のメモリ・モジュール全体にかかる規格となります。

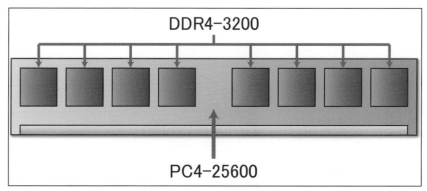

図3-6-5 「チップ規格」と「モジュール規格」の関係

「JEDEC規格」は、半導体業界を代表する標準化団体「JEDEC」にて仕様がサポートされているメモリ規格。

JEDEC規格に則った仕様のメモリは「JEDEC準拠メモリ」と呼ばれ、パソコン側で特に設定をいじらなくても、規定どおりの性能を発揮するメモリになります。

逆に、「JEDEC準拠」ではないメモリの場合、UEFI設定でメモリ項目を弄らなければ、規定どおりの性能を発揮しません。

このようなメモリは一般的に、「オーバークロック・メモリ」と呼ばれます。

たとえば、同じ「DDR4-3200メモリ」でも「JEDEC準拠メモリ」と、そうでない「オーバークロック・メモリ」が混在しており、一般的に同じ速度表記でも設定を詰めている分、「オーバークロック・メモリ」のほうが若干高速です。

*

また「オーバークロック・メモリ」の場合、UEFI設定におけるメモリ設定を簡略化するための仕組みとして「Intel XMP」や「AMD EXPO」といったプロファイル設定をもつ製品が大半です。

　「オーバークロック・メモリ」を使用する場合は、マザーボードがどのプロファイル方式に対応しているか、確認することも大切です。

図3-6-6　「ヒートシンク付き」のメモリは、多くの場合、「オーバークロック・メモリ」

3-7　拡張スロット

データ伝送の骨格となる「PCI Express」

　「PCI Express」はパソコン内部でのデータ受け渡しに使用する高速シリアル転送インターフェイス規格です。

　2002年に規格策定された「PCI Express」は、現在さまざまなコンピュータの内部データ転送規格として標準的に用いられています。

「PCI Express」を拡張スロットに

　「PCI Express」を拡張カードとの接続に用いるために規格化されたものが「PCI Expressスロット」です。

　「PCI Expressスロット」は、使用するレーン数別に大きさが異なるものが規格化されています。

マザーボードには最大7基の「PCI Expressスロット」

現在、パソコンの拡張カード増設インターフェイスは、ほぼ「PCI Express スロット」で統一されています。

＊

マザーボード上には何基かの「PCI Express スロット」が並んでおり、その最大数はマザーボードのサイズによって決まっています。

・ATX規格マザーボード 最大7基
・Micro-ATX規格マザーボード 最大4基
・Mini-ITX規格マザーボード 最大1基

大は小を兼ねる「PCI Expressスロット」

「PCI Express スロット」は、「データ転送に用いるレーン数に応じて、拡張スロットの大きさが変化する」という特徴があります。

・PCI Express x1スロット
・PCI Express x4スロット
・PCI Experss x8スロット
・PCI Express x16スロット

＊

以上、4種類の大きさのスロットが規格化されていますが、現在は「PCI Express x1スロット」と「PCI Express x16スロット」の2種類のみで構成されたマザーボードが大半を占めています。

一方で、拡張カードのほうは、「PCI Express x4」対応などの、中間サイズのものが販売されています。

なぜこの状況が許されているかというと、「PCI Express スロット」は少ないレーン数の拡張カードをより大きなスロットへ挿しても問題なく動作するという、"大は小を兼ねる"仕様になっているからです。

　たとえば、「PCI Express x4」対応の拡張カードであれば、「PCI Express x16スロット」に装着すればOKです。

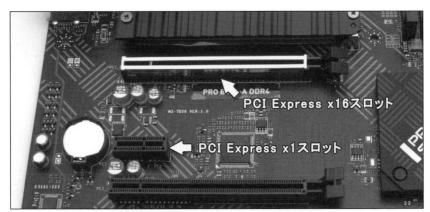

図3-7-1　マザーボード上には、「PCI Express x1スロット」と「PCI Express x16スロット」の2種類のみが実装されているものがほとんど

図3-7-2　「PCI Express x1」の小さな拡張カードを大きな「PCI Express x16スロット」に接続しても、もちろん問題なく動作する

ダミーの「PCI Express x16スロット」に注意

複数の「PCI Express x16スロット」を搭載するマザーボードは珍しくありませんが、多くの場合、「PCI Express x16スロット」のフルスペックが発揮できるスロットはCPUソケットに最も近い1基だけに限られます。

その他の「PCI Express x16スロット」は、形状こそ「PCI Express x16」であっても、信号線が「PCI Express x4」相当までしか配線されていないものが一般的です。

マザーボードの仕様書などに「PCI Express 4.0 x16スロット（x4動作）」という具合に記載されているものが、該当します。

高速性が求められるビデオカードなどを、誤ってそのような「PCI Express x16スロット」に取り付けてしまうと、本来の性能が発揮されないので注意が必要です。

2段目以降の「PCI Express x16スロット」は「PCI Express x4」以下の拡張カードのためのスロットと考えていいでしょう。

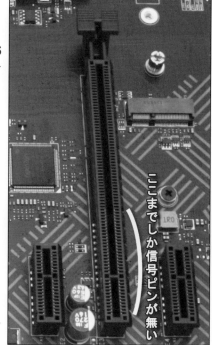

ここまでしか信号ピンが無い

図3-7-3　スロットの端子部分を覗き込むと、途中までしか信号ピンが配置されていない「"ガワだけ" PCI Express x16スロット」と分かる

「PCI Express x16スロット」のロック機構に要注意

　「PCI Express x16スロット」には、装着した拡張カードをしっかり固定するためのロック機構が備わっています。

　ところが、このロック機構がビデオカードを取り外す際に牙を向いてきます。

＊

　このロック機構、運搬中などにビデオカードが誤って脱落しないようガッチリと固定するための機構なので、ちょっとやそっとではビクともしません。

　このロック機構の存在を忘れてビデオカードを無理やり外そうとした結果、「PCI Express x16スロット」自体を破壊してしまった失敗例は、枚挙にいとまがないです。

　結局、ビデオカードを取り外すには、まずロック機構を外す必要があるのですが、さまざまなパーツを組み込んだPCケースの中では、場所的にロック機構の位置まで指先が届かないことも珍しくありません。

　そんなときに重宝するアイテムが、「割り箸」です。

　「割り箸」を隙間に差し込んでロック機構を外せば、拍子抜けするくらい簡単にビデオカードを取り外せるでしょう。

　また、高級なマザーボードの中には「ロック機構の解除ボタン」を押しやすい場所へ移設しているモデルもあります。

図3-7-4　スロット端のレバーがロック機構

高速SSDを搭載できる「M.2スロット」

　「M.2スロット」は拡張カードスロットの一種で、内部増設用に小型化された「PCI Expressスロット」と考えても良いでしょう（厳密には「SATA 3.0」や「USB」のバス方式にも対応するので少し異なります）。

　「M.2スロット」は、さまざまな用途に使用できますが、現在はもっぱら高速SSDを装着するためのスロットとして活用される機会が多く、「M.2スロット」へ装着する高速SSDを「M.2 NVMe SSD」と呼びます。

　「M.2スロット」は「PCI Express x4」相当の転送速度を利用できるので、マザーボードが「PCI Express 4.0/5.0」に対応しており、相応の「M.2 NVMe SSD」を搭載すれば、とても高速なストレージ環境を構築できます。

　現在は、「M.2 NVMe SSD」を装着するための「M.2スロット」をより多く備えるマザーボードが重宝される傾向にあります。

図3-7-5　マザーボード上の「M.2スロット」

図3-7-6　転送速度に優れた「M.2 NVMe SSD」

さまざまな大きさが規格化されている「M.2」

　「M.2スロット」に装着する拡張カードは、さまざまな大きさのものが規格化されており、その中でも次のサイズが広く用いられています。

・M.2 Type2280　　幅22mm×長さ80mm

・M.2 Type2260　　幅22mm×長さ60mm

・M.2 Type2242　　幅22mm×長さ42mm

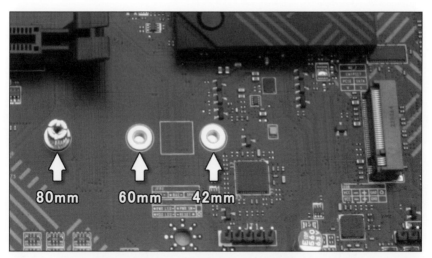

図3-7-7　マザーボード上の「M.2スロット」には、取り付ける「M.2拡張カード」の長さに合わせて適宜スペーサーを取り付けるための穴が「80mm、60mm、42mm」の位置に用意されている。

「M.2 SATA SSD」の装着には要注意

　「M.2スロット」は、もともと「SATA 3.0」のインターフェイスも内包する規格だったので、「M.2 SATA SSD」という「SATA仕様」の「M.2 SSD」も存在します。

*

　ただ、昨今のマザーボードは、複数の「M.2スロット」のうち「SATA」に対応するのは1スロットのみといった仕様が増えてきているので、"空いている「M.2スロット」に「M.2 SATA SSD」を装着してみたけど動かない"といったトラブルが起きる可能性が高くなってきています。

　「M.2 NVMe SSD」の価格が下がり、性能で劣る「M.2 SATA SSD」を選択する意味も薄れていますが、もし「M.2 SATA SSD」を使用する機会があるときは、注意しましょう。

図3-7-8　端子部分のノッチに違いがある「M.2 NVMe SSD」と「M.2 SATA SSD」

標準搭載していてほしい「M.2ヒートシンク」

高速な「M.2 NVMe SSD」を安定して運用するためには、「M.2 NVMe SSD」を冷やすための「M.2ヒートシンク」が不可欠です。

＊

昨今、ミドルクラス以上のマザーボードでは「M.2ヒートシンク」の標準搭載化が進んできましたが、ミドルクラス以下では「M.2ヒートシンク」の有無はまだバラバラで、マザーボードの製品差別化要素の1つになっています。

必ず必要になるパーツなので、「M.2ヒートシンク」の有無をマザーボード選定のポイントにするのもありでしょう。

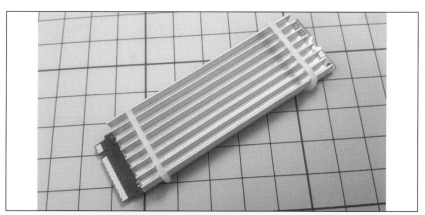

図3-7-9 マザーボードに「M.2ヒートシンク」がない場合は、このようなヒートシンク
を別途用意する。1,000円程の出費だが避けられれば、それに越したことはない。

3-8 ファンの制御

マザーボード側の「4ピン・ファンコネクタ」

マザーボード上には、CPUクーラーやケースファンを駆動するための
ファンコネクタが複数備わっています。

現行マザーボードに備わるファンコネクタは、概ね「4ピン・ファンコ
ネクタ」で、「PWM制御」による回転数制御に対応するファンコネクタで
す。

基本的に、CPU温度に追従してファンの回線数を制御するよう、デ
フォルトで設定されています。

図3-8-1 マザーボード側の「4ピン・ファンコネクタ」
挿す向きを間違えないようにツメが付いている。

図3-8-2 CPUクーラーは基本「4ピン・ファンコネクタ」を用いる
何の設定をしなくても、CPU温度に追従して回転数を変動させるのがデフォルトとなっている。

ファン側のファンコネクタの種類

　一方で、ファン側のファンコネクタには「3ピン・ファンコネクタ」と「4ピン・ファンコネクタ」があります。

　どちらも、「電力供給」と「回転数検知」のピンアサインは同じで、違いは増えた1ピン分での「PWM制御」に対応するか否かという点のみです。

　そのため、「3ピン・ファンコネクタ」と「4ピン・ファンコネクタ」には互換性があり、マザーボード側の「4ピン・ファンコネクタ」にファン側の「3ピン・ファンコネクタ」を接続しても問題ありません。

図3-8-3　「3ピン・ファンコネクタ」(左)と「4ピン・ファンコネクタ」(右)

図3-8-4　マザーボードへは、4ピン (右)はもちろんのこと3ピン (左)を接続してもOK

「3ピン・ファンコネクタ」と「4ピン・ファンコネクタ」、それぞれのファンコネクタの特徴をまとめてみました。

表3-4 「3ピン・ファンコネクタ」と「4ピン・ファンコネクタ」の違い

	3ピン・ファンコネクタ	4ピン・ファンコネクタ
駆動電圧	12V	12V
回転数検知	○	○
回転数制御	△ （電圧制御）	○ （PWM制御）

大きな違いはやはり「回転数制御」の部分になります。

「3ピン・ファンコネクタ」でも一応回転数制御は可能で、ほとんどの現行マザーボードはファンコネクタに「3ピン・ファンコネクタ」が接続されると、自動的に「電圧制御モード」へと切り替わるようになっているので、ユーザーがモードの切り替えを意識する必要はなく、普通に回転数制御できるようになっています。

*

ただ、「電圧による回転数制御は、低回転時（低電圧時）のファン動作が安定しない」といったデメリットもあるので、極力「4ピン・ファンコネクタ」をもつファンを使いたいところです。

3つに分けられるファンの用途

　マザーボード上のファンコネクタは、コネクタごとに大きく3つに分けて用途を明確化しています。

●CPUファン

空冷CPUクーラーのファンや水冷ラジエータのファンに使用。
マザーボード上の印刷には「CPU_FAN」など記載。

●水冷ポンプ

水冷クーラーのポンプ駆動に使用。
マザーボード上の印刷には「W_PUMP」や「AIO_PUMP」など記載。

●ケースファン

PCケースに取り付ける吸排気用のファンに使用。
マザーボード上の印刷には「SYS_FAN」や「CHA_FAN」など記載。

　実際のところは、ファン設置場所に近いであろうファンコネクタへ適当に用途を割り振っているだけなので、基本的にどのファンコネクタにどの用途のファンを接続しても動作自体は可能です。ただし、

・CPUファンが未接続だと、エラーメッセージが出る場合がある。
・水冷ポンプは他のファンより高回転かつ回転数固定での運用が望ましいので、分かりやすい専用コネクタへつなげたい。

　といった事情もあるので、できるだけ指定のファンコネクタを用途どおりに使用するのがいいでしょう。

短めの「ファンコネクタ延長ケーブル」があると便利

マザーボード上のファンコネクタは、PCケースに取り付けた後だとコネクタの抜き挿しがとてもやり辛い場所もあります。

特に、「大型空冷CPUクーラー」を装着した場合のCPUソケット周辺のファンコネクタへのアクセスは、最悪です。

＊

そんなときは、「短いファンコネクタ延長ケーブル」の併用が便利です。

奥まった位置になりそうなファンコネクタへ延長ケーブルを差しておくことで、PCケースに取り付けた後でもケースファンの抜き差しが簡単になります。

図3-8-5　このような短めの「延長ケーブル」を用意

図3-8-6　PCケースに取り付けた後でアクセスしにくそうなファンコネクタへ
あらかじめ「延長ケーブル」を付けておけば、使い勝手が良くなる。

LEDでパソコンを光らせる方法

昨今、ゲーミングPCなどでパソコンを派手に光らせることが流行っており、LEDを内蔵したファンが多数販売されています。

パソコンを光らせる方法としては、まず「無制御」と「RGB制御」の2パターンに大きく分けることができます。

●無制御（単色LED）

単色LEDを埋め込んだLEDファンを用いる。色の制御は行なえないので、発光色はLEDファン購入時に決める。マザーボード側にRGB LEDを制御する仕組みがなくても、光らせることができるのが利点。

●RGB制御

駆動用ファンコネクタとは別に、RGB LED制御用のコネクタをマザーボードの専用ピンヘッダに接続して光らせるタイプのRGBファンを用いる。
光らせるためにはマザーボード側の対応が必要。専用ユーティリティソフトを用いて発光。

「4ピンRGB」と「ARGB」

RGBファンの発光色を制御する方式には、「4ピンRGB」と「ARGB」という2つの方式があり、マザーボード上にもそれぞれの方式に対応した専用ピンヘッダが用意されています。

それぞれの特徴を、次にまとめています。

表3-5 「4ピンRGB」と「ARGB」の違い

	4ピンRGB	ARGB
マザーボード側ピンヘッダ		
ファン側コネクタ		
ピン数	4ピン	3ピン
発光色の制御	○ 専用ユーティリティから全体のRGB LEDを単一色で制御できる。	◎ 専用ユーティリティからRGBファンに搭載されたLEDを個別に違う色にできる。
備考	最初に登場したRGB LED制御方式。対応マザーボードは多いが、対応RGBファン製品は少なくなってきている。	ここ3～4年内に登場したマザーボードが対応する新しい方式。対応RGBファンの選択肢は多く、デファクトスタンダード。

大きな違いは発光色の制御で、「4ピンRGB」では全体を同じ色で明滅させたり、時間変化で全体の色を変更していく、といった単純な制御しかできませんでした。

*

一方、「ARGB」ではRGBファンに組み込まれたLEDを1つ1つ個別制御できるので、虹色を再現したり、RGBファンの中で光がグルグル回るといった演出も可能になっています。

複数RGBファンの制御

一般的なマザーボードでは、「4ピンRGB」と「ARGB」のピンヘッダは1ないし2基程度しか備わっていません。

もっとたくさんのRGBファンを制御したい場合は、RGB制御ケーブルの分岐ケーブルか、RGB制御ケーブルのディジーチェーン方式を用いることで対応できます。

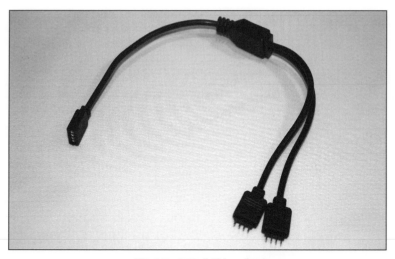

図3-8-7　RGB分岐ケーブル

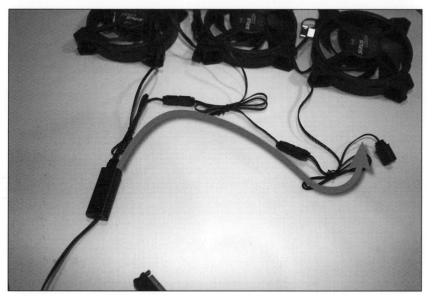

図3-8-8　ディジーチェーン（数珠繋ぎ）対応のRGBファン

3-9　マザーボードの電源回りに関して

電源ユニットの規格

　家庭用コンセントから取るAC100V電源を、パソコン内部で消費する直流電源に変換する装置を「電源ユニット」や「パワーサプライ」と言います。

　電源ユニットにも規格があり、各種電源コネクタなどの規格化と共に、電源ユニット自体のサイズを規定した構造の規格化も盛り込まれています。

＊

　電源ユニットの規格もいくつかありますが、現在広く使用されているのは次の3つです。

●ATX12V

　もともと広く使われていた「ATX規格」に、「12V補助電源」が追加されたもの。
　細かいバージョンアップを繰り返しながら、現在主流の規格となっている。

●EPS12V

　サーバ・ワークステーション向けの強化された電源ユニット規格。現在は「ATX12V」と「EPS12V」の両方の規格に対応した電源が増えてきている。

●SFX12V

　小型パソコン向けの電源ユニット規格。「Mini-ITX規格キューブ型PCケース」などで用いられることが多い。

マザーボードへの電力供給

　上記の電源ユニットからマザーボードへ電力供給を行なうメイン電源コネクタは、2×12列の24ピン構成の「24ピンメインATX電源コネクタ」です。

　この電源コネクタからマザーボード自体を駆動する電力や、メモリ、拡張スロットなどへ供給する電力を受けます。

図3-9-1　マザーボード上の24ピンメインATX電源コネクタ

図3-9-2　ケーブル側のコネクタは20+4ピンに分かれているのが一般的
しっかりと、1つに合体させてから挿し込むように。

CPUへの電力供給

CPUソケットの近くにある電源コネクタを、「CPU補助電源コネクタ」と言います。

マザーボードの「24ピンメインATX電源コネクタ」とは別に、CPU駆動のためだけに電力を供給するコネクタです。

「ATX12Vコネクタ」や「EPS12Vコネクタ」とも呼ばれます。

＊

「CPU補助電源コネクタ」は、マザーボードによってピン数が異なり、ピン数が多いほど大きな電力を供給できます。

●4ピンタイプ

省電力CPUの使用を前提としたメーカーPCなどで用いられることの多い電源コネクタ。自作PC向けのマザーボードではあまり見かけなくなった。

●8ピンタイプ

主流タイプ。ケーブル側のコネクタは4+4ピン構成のものが多い。

●8+4ピンタイプ

以前はハイエンド系マザーボードによく見られていたコネクタだが、昨今のCPU消費電力大幅増加に伴い、エントリー向けのマザーボードでも見られるようになった電源コネクタ。

●8+8ピンタイプ

現行のハイエンドマザーボードでよく見られるようになった。特に消費電力の大きいハイエンドCPUのオーバークロックにも対応できる電源コネクタ。

図3-9-3　8+4ピンタイプの「CPU補助電源コネクタ」

図3-9-4　ケーブル側のコネクタは4+4ピンで8ピンとするものや、最初から8ピンになっているものなど、さまざま

　マザーボード側の「CPU補助電源コネクタ」が8+4ピン仕様や8+8ピン仕様なのに、電源ユニットからの「CPU補助電源コネクタ」が4+4ピンの8ピン分しかなくて困った事態になることがあるかもしれません。

　このような場合、上位モデルCPUをオーバークロックで使うような特殊な運用をしなければ、「CPU補助電源コネクタ」は8ピン×1のみで電力供給は間に合うケースがほとんどです（8ピン×1で最大300W程度は供給できる模様）。

　残りの4ピンなり8ピンの「CPU補助電源コネクタ」は空いたままでも

問題ありません。

＊

　ただし、電源ユニットの仕様にも絡みますが、電源ユニットからちゃんと8+8ピンなり8+4ピンの「CPU補助電源コネクタ」が取り出せるのであれば、オーバークロック運用しない場合であっても、マザーボード上の「CPU補助電源コネクタ」はしっかりと全部埋めるようにしたほうがいいでしょう。

重要視される「VRM」

　昨今のマザーボードを語る上で外せないのが、要注目パーツとなった「VRM」です。

　「VRM」はCPUへ供給する電気の電圧を変換する回路のことで、CPUの消費電力が爆発的に上昇してきたことから、「VRM」の性能に注目が集まるようになりました。

＊

　「VRM」があまり高性能ではないエントリー向けのマザーボードに消費電力の高い上位CPUを装着すると、CPUへの電力供給が足りず動作クロックが頭打ちになるなど、性能を100%発揮できない事態に陥ります。

　したがって、上位モデルのCPUには「VRM」のしっかりした上位グレードのマザーボードを組み合わせるというのが、マザーボード選択時における重要ポイントの1つになっています。

＊

　「VRM」のスペックを見る上で重要な指標が「フェーズ数」。
　フェーズ数は、「VRM」の回路数のことで、フェーズ数が多いほど負荷が分散されて安定した動作が見込めるという寸法です。

　"12+2フェーズのVRM搭載！"といった具合に、マザーボードの売り

文句になることも少なくありません。

＊

　この「○＋△フェーズ」という表記の意味は、○がCPUのコア部分への電力供給を担うフェーズ数で、△がCPUのアンコア部分（メモリコントローラなど）への電力供給を担うフェーズ数という意味になります。

　当然フェーズ数が多いほど安定性の高いマザーボードということになり、上位グレードのマザーボードの「VRM」フェーズ数は多めです。

＊

　また、スペックには表われないものの、「VRM」の冷却機構（ヒートシンク）の出来栄えも重要になり、マザーボードメーカー各社がしのぎを削っている部分でもあります。

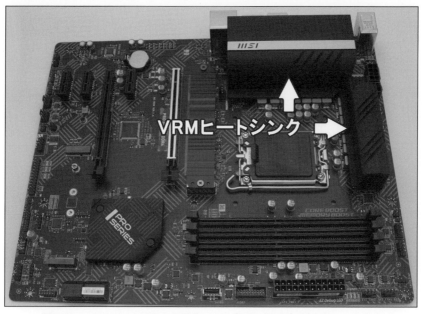

図3-9-5　CPUソケット周辺の金属ブロックは「VRM」を冷やすためのヒートシンク

3-10　背面I/Oパネル

「背面I/Oパネル」の充実度も重要

マザーボードのスペック差として分かりやすい部分のひとつに、「背面
I/Oパネル」の充実度が挙げられます。

＊

USBポートの対応規格とポート数や、オーディオ関係などの充実度は、
マザーボードのグレードによって、如実に変わってきます。

必要なコネクタ類が揃っているか、しっかりと確認しましょう。

図3-10-1　USBポートが充実していたり、オーディオ関係が充実していたりと、
モデルによって背面I/Oパネルもさまざま。また、昨今はバックパネル一体型が
主流だが、安価なモデルでは別々のものも多い。

PS/2コネクタ

古いキーボードを接続するためのコネクタで、レガシー・インターフェ
イスの一種です。古いキーボードを愛用している人には、必須のものと言
えます。

図3-10-2　○印が「PS/2コネクタ」

USBポート

　背面I/OパネルのUSBポート充実度で、マザーボードのグレードを推し量れます。

　「USB 3.x Gen2ポート」が4〜6ポート以上あれば、グレード高めのマザーボードと言えるでしょう。

図3-10-3　○印が「USBポート」

●USB 2.0 Type-A

キーボードやマウスを接続するための低速USBポート。

●USB 3.1 Gen1 Type-A (USB 3.2 Gen1 Type-A)

転送速度5GbpsのType-Aポート。ポート内の色は青色。

●USB 3.1 Gen2 Type-A (USB 3.2 Gen2 Type-A)

> 転送速度10GbpsのType-Aポート。ポート内の色は赤色で区別され
> ていることがある。

●USB 3.1 Gen1 Type-C (USB 3.2 Gen1 Type-C)

> 転送速度5GbpsのType-Cポート。Type-C機器との接続に使用。ハ
> イエンドマザーボードでは「Thunderbolt 4」に対応するものも。

映像出力

「HDMI」や「DisplayPort」を備えるのが一般的。

GPU内蔵CPUを装着すると背面I/Oパネルの映像出力を使えます。

現行マザーボードとCPUであれば、4Kのマルチモニタにも対応します。

図3-10-4　○印が「映像出力コネクタ」

LANポート

超高速光インターネットを契約している場合は、「2.5GbE」対応のマザーボードを選択するとよいかもしれません。

図3-10-5 ○印が「LANポート」

オーディオ入出力

シンプルなマザーボードであれば「LINE出力」「LINE入力」「MIC入力」の3ジャックが基本構成となります。

サウンドに少々凝っているマザーボードの場合は、加えて「リアスピーカー出力」「サブウーハー出力」が追加され、立体音響を楽しめるでしょう。

また、オーディオに凝っているマザーボードは、デジタル出力(S/PDIF)を備えることが多く、外部のアンプやBluetoothトランスミッタなどとの接続に重宝します。

図3-10-6 ○印が「オーディオ入出力コネクタ」

3-11 その他マザーボード上のコネクタやピンヘッダ

SATAポート

「SATAポート」は、HDDや2.5インチSSD、光学ドライブを内部増設するためのコネクタです。

HDD/SSD1台につき1つの「SATAポート」が必要になるので、「SATAポート」のポート数＝内部増設できるHDD/SSDの台数と考えていいでしょう。

＊

「SATAポート」の数は、チップセットのグレードで大まかな搭載数が決まり、少ないもので4ポート、多いもので8ポート搭載しています。

図3-11-1　ミドルクラス以下のマザーボードは「SATAポート」が少なめ

USB 2.0ピンヘッダ

　PCケースのフロントパネルにある「USB 2.0 Type-A」と接続する内部「USB 2.0ピンヘッダ」。1組のピンヘッダで、2ポート分の「USB 2.0 Type-A」が取り出せます。

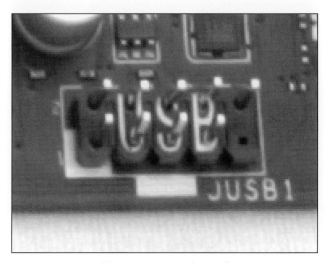

図3-11-2　USB2.0ピンヘッダ

USB 3.0ピンヘッダ

　同じく、PCケースのフロントパネルにある「USB 3.0 Type-A」に接続する、内部「USB 3.0ピンヘッダ」。

　「USB 2.0」より信号線の多い「USB 3.0」では、よりしっかりしたピンヘッダが用意されています。

　1組のピンヘッダが、2ポート分の「USB 3.0 Type-A」となります。

図3-11-3　USB30ピンヘッダ

USB Type-C コネクタ

　PCケースのフロントパネルにある「USB Type-C」と接続するための
コネクタ。金属でシールドされているのが特徴。

図3-11-4　USBCピンヘッダ

3-11 その他マザーボード上のコネクタやピンヘッダ

HD Audioピンヘッダ

　PCケースのフロントパネルにある「ヘッドホン端子」や「マイク端子」と接続する「オーディオ入出力ピンヘッダ」。

図3-11-5　HD Audioピンヘッダ

フロントパネルのボタン、LED向けピンヘッダ

　PCケースフロントパネルの電源ボタンやリセットボタン、電源LED、ストレージアクセスLEDをつなげるピンヘッダ。

　ピンアサインは決まっておらずマザーボードメーカーごとにバラバラなので、マニュアルを参照に、ピン1本ずつ配線しなければならないのが手間とされます。
　自作PC組み立てで、いちばん厄介な作業の1つに挙げられています。

　また、LEDの配線は極性があるので、間違えないように注意しましょう。

図3-11-6 フロントパネルの各所につなぐピンヘッダ

図3-11-7 PCケースからの各配線をマニュアル通りに接続していく

スピーカー出力

スピーカーと言っても音楽を流すためのものではなく、エラーなどを通知するビープ音を鳴らすためのピンヘッダです。

パソコン起動時のPOSTでエラーが出た場合にスピーカーをつないでおけば、エラーの内容を音で確認できるようになります。

図3-11-8 スピーカーにつなぐピンヘッダ

なお、「UEFI」のシステムで「ビープ警告音」のパターンは、次のとおり。

表3-6 「UEFI」のPOSTエラーによるビープ音パターン

ビープ音パターン	音の回数	エラー内容
・	短1	正常に起動
―――	長3	メモリー異常・接触不良
―・・	長1短2	メモリー異常・接触不良
―――――	長5	ビデオカード異常・接触不良
―・・・	長1短3	ビデオカード異常・接触不良
―↑―↓―↑―↓ （高音低音繰り返し）	ずっと繰り返し	温度異常
―・・・・	長1短4	その他の故障・短絡など

図3-11-9　スピーカーは500円ほどで入手可能

CMOSクリア

「UEFI」の設定を、すべて初期状態に戻すためのピンヘッダです。

「UEFI」の設定をヘンに変更してしまってパソコンが起動しなくなった際などに用います。

*

クリア手順は、①電源ユニットの主電源をオフにし、②CMOSクリア用の2本のピンヘッダを5～10秒ほどショートさせます。

ショートにはジャンパーキャップを用いるのが理想ですが、ドライバの先端などでも代用できます。

③10秒経過後、ショート状態から元に戻して電源を入れると「UEFI」の設定が初期化されているはずです。

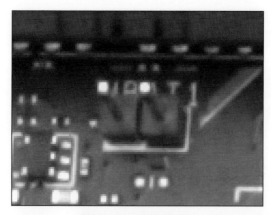

図3-11-10 CMOSクリア

バックアップボタン電池

　マザーボード上のボタン電池は、電源未接続時の時刻を保持したり、「UEFI」の設定情報を保持するために用いられます。

　このボタン電池を抜き取ることで、CMOSクリアと同じ効果が得られます。
　ただ、この方法でのCMOSクリアは、時計もリセットされるので要注意です。

図3-11-11 ボタン電池

3-12 マザーボード内蔵のソフトウェア「UEFI」

電源投入後に最初の仕事を行なう「UEFI」

ここまでにも、たびたび用語として登場していましたが、マザーボードのソフトウェア的な機能となる、「UEFI」についても説明しておきましょう。

＊

マザーボードの重要な仕事のひとつに、電源投入後、接続されている各パーツのチェックや初期化、設定をして、WindowsなどOSを起動させるまでの下準備をするというものがあります。

その役割を担う機能（ソフトウェア）を、「UEFI」と呼びます。

これらは、マザーボード上のフラッシュメモリに最初から組み込まれている制御ソフトウェアで、「ファームウェア」とも呼ばれます。

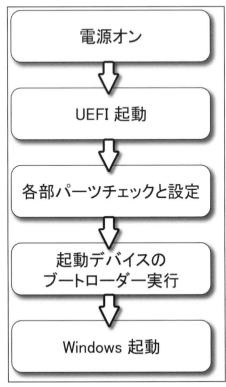

図3-12-1 パソコン（Windows）が起動するまでのプロセス

「BIOS」っていうは？

　マザーボードのファームウェアというと、昔から「BIOS」と呼ばれるものがありました。「BIOS」と「UEFI」の違いについて大雑把に説明すると、パソコンのファームウェアとして昔から用いられていたのが「BIOS」で、新機能を追加し時代に合わせて刷新したものが「UEFI」という認識で大丈夫でしょう。

*

　現在の多くのマザーボードは互換性の面から「BIOS」と「UEFI」の両方に対応していて、「BIOSモード（レガシーBIOSモード）」と「UEFIモード」を切り替えてパソコンを動かすことができます。

　ただ、現在パソコンを使用する上では、「UEFIモード」だけに焦点を合わせておけば大丈夫です。

*

　また、呼び方自体にもいろいろと複雑な面があります。

　「BIOS」には「コンピュータのファームウェア」という広義の意味もあるため、「UEFI」を「UEFI BIOS」と呼ぶことも多いです。

　マザーボードの「UEFI設定」を行なう画面も、慣例的に「BIOS画面」と呼ばれ続けていることが多いですし、「対応BIOS」や「BIOSアップデート」という言い回しも使い続けられています。

　これに対して古い機能のBIOS自体を指す場合は「レガシーBIOS」などと呼ばれることが多いです。

第4章

「データ伝送」に使われる技術

すべてのコンピュータは、さまざまなデータのやり取りによって、その役割を果たしています。

データを正しくやり取りするためには、その手順がきっちりと決められている必要があり、そのために「伝送規格」が定められています。

＊

本章では、コンピュータ内部の各パーツ間でのデータ転送や、外部の周辺機器とのデータ転送に用いられているデータ転送規格を見ていきます。

4-1 PCI Express

レーン単位で転送速度を増やす方式

「PCI Express」は、パソコン内部でのデータのやり取りに使用する高速シリアル転送インターフェイス規格です。2002年に規格策定され、現在でもさまざまなコンピュータの内部データ転送規格として、標準的に用いられています。

＊

「PCI Express」で用いられている「シリアル転送方式」とは、少ない信号線でデータの受け渡しを行なうインターフェイスです。

データの送信/受信を行なうそれぞれの信号線を1セットとした双方向のデータ転送セットを「1レーン」とし、複数のレーンを束ねることで、データ転送速度をどんどん向上させていく仕組みになっています。

1レーン分の転送を「PCI Express x1」、4レーン分を「PCI Express x4」、16レーン分を「PCI Express x16」と表記します。

1レーンあたりの転送速度はリビジョンで決まる

「PCI Express」の転送速度は、"1レーン分の転送速度×束ねるレーン数"で決まりますが、大元の1レーンあたりの転送速度は「PCI Express」のリビジョン(世代)によって決まります。

「PCI Express」は規格策定以後、定期的にリビジョンアップしており、2023年春現在で、「PCI Express 5.0」まで対応した製品が登場しています。

リビジョンが上がるごとに1レーンあたりの転送速度はほぼ倍々に増加し、初期の「PCI Express 1.1 x1」の実効転送速度「0.5GB/s」が、「PCI Express 5.0 x1」では「7.877GB/s」にまで向上しています(転送時のオーバーヘッドのため厳密に倍々ではない)。

*

リビジョンが上がると、同じレーン数で転送速度が倍になる、もしくは半分のレーン数で同じ転送速度を実現できることになるので、対応する「PCI Express」のリビジョンはとても大事になります。

「PCI Express」のリビジョンは、搭載するCPUの仕様およびマザーボードのチップセットの仕様で決まります。

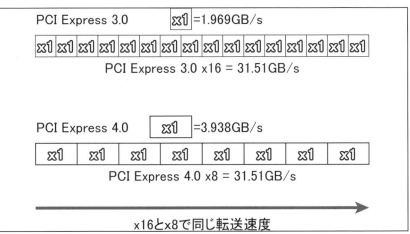

図4-1-1　リビジョンが上がると半分のレーン数で同じ転送速度になる

表4-1　「PCI Express」のリビジョン別転送速度表

	転送速度実効値（一方向/双方向）[GB/s]				
	x1	x2	x4	x8	x16
PCIe 1.1	0.25/0.5	0.5/1.0	1.0/2.0	2.0/4.0	4.0/8.0
PCIe 2.0	0.5/1.0	1.0/2.0	2.0/4.0	4.0/8.0	8.0/16.0
PCIe 3.0	0.984/1.969	1.969/3.938	3.938/7.877	7.877/15.75	15.75/31.51
PCIe 4.0	1.969/3.938	3.938/7.877	7.877/15.75	15.75/31.51	31.51/63.02
PCIe 5.0	3.938/7.877	7.877/15.75	15.75/31.51	31.51/63.02	63.02/126.0

「PCI Express」を拡張カードの接続に

　「PCI Express」を拡張カードとの接続に用いるため規格化されたものが、「PCI Express スロット」です。

・PCI Express x1スロット
・PCI Express x4スロット
・PCI Experss x8スロット
・PCI Express x16スロット

　といった拡張スロットが規格化されていて、レーン数によって拡張ス

ロットの大きさが変わります。転送速度は、先述の法則に当てはまります。

＊

　なお、「PCI Express」は世代ごとの前方/後方互換性をしっかり確保しているのも特徴的です。

　まず、拡張スロットの形状自体が、「PCI Express 1.1」のころから変わっていません。

　そして、たとえば、拡張スロットが「PCI Express 3.0」対応の古いマザーボードに、「PCI Express 5.0」対応の最新拡張カードを挿した場合でも大丈夫。

　転送速度などの性能部分は「PCI Express 3.0」相当になるためパフォーマンスは落ちると思いますが、動作自体に問題はないはずです（ただ、転送速度自体が重要な拡張カードの場合は、その限りではないので注意してください）。

　逆に、「PCI Express 5.0」対応の拡張スロットに「PCI Express 3.0」の拡張カードの組み合わせも、もちろん問題ありません。

「PCI Express」の世代交代は「M.2 NVMe SSD」で実感

　「PCI Express」は、リビジョンを重ねるごとに、ほぼ倍々で転送速度が伸びていますが、ユーザーがその恩恵を感じる機会は意外と多くありません。

＊

　「PCI Express x16スロット」を用いるビデオカードの場合、今のところ「PCI Express 3.0 x16」くらいの転送速度があれば、充分だとされています。

　そのため、廉価ビデオカードの中には、対応リビジョンを新しくする一方で、信号線を削って「PCI Express x4仕様」とし、コストダウンを図っているものもあります。

＊

　そんな中、「PCI Express」の世代交代をいちばん実感しやすいのはストレージです。

　特に「M.2 NVMe SSD」は、性能アピールとしてリード/ライト性能を前面に打ち出すので、最新の「PCI Express」対応で速くなったことを、数字ですぐに実感できます。

＊

　たとえば、「PCI Express 5.0 x4」の転送速度は「15.75GB/s」と「10GB/s」の大台を超えているので、とても分かりやすい数値として「10GB/s超え」をアピールする「M.2 NVMe SSD」は、今後いろいろ出てくると思います。

4-2　SATA (Serial ATA)

ストレージ接続用インターフェイス

　「SATA」(Serial ATA)は、HDDやSSD、光学ドライブなどのストレージ機器を接続するためのインターフェイスです。

　マザーボード上には、4〜8基ほどの「SATAコネクタ」が備わっているのが一般的です。

図4-2-1 3.5インチHDDや2.5インチSSDの接続に「SATA」を用いる

図4-2-2 マザーボード上の「SATAコネクタ」

「SATA」は、90年代にストレージ接続インターフェイスとして普及していた「ATA」の改良、高速化を目的とし2003年に規格策定されました。

パラレル転送だった「ATA」から、名前とおりのシリアル転送に転換することで、高速化やコネクタの小型化（40ピン→7ピン）を達成しています。

「SATA」の転送速度

「SATA」の規格には大きく3つのリビジョンがあり、それぞれの主な違いは最大転送速度にあります。

また、よく用いられる規格の名称が4種類ほど存在するため、ときどき、ゴチャゴチャになってしまうことがあるので、気を付けましょう。

表4-2 「SATA」で用いられている4種類の名称と、その最大転送速度

名称1	名称2	名称3	名称4	最大転送速度
SATA 1.0	SATA I	SATA 1.5Gbps	SATA 150	150MB/s
SATA 2.0	SATA II	SATA 3Gbps	SATA 300	300MB/s
SATA 3.0	SATA III	SATA 6Gbps	SATA 600	600MB/s

*

以上の3つのリビジョンには、前方/後方互換性が確保されていて、マザーボード側とストレージ機器側で「SATA」のリビジョンが異なる場合は、遅いほうの転送速度に合わせられます。

ただ、現在のマザーボードに搭載される「SATA」は、基本的に最新の「SATA 3.0」のみなので、古いリビジョンについて考慮する必要はなくなってきていると言えるでしょう。

使われなくなりつつある「SATA」

　コネクタやケーブルが小さくなって取り回しが良くなり転送速度も大幅に向上した「SATA」は、「ATA」を一気に置き換えて普及しました。

　しかし、昨今の超高速SSDが必要とする転送速度には全然及ばず、ケース内にケーブルが増えること自体が煩わしいといった風潮も出てきました。

　そして、内蔵光学ドライブの必要性も下がってきたことから、ストレージ接続は「M.2」のみで済ませるといったものが主流となってきています。

4-3 USB (Universal Serial Bus)

「USB」は汎用インターフェイス

　「USB」は「Universal Serial Bus」(ユニバーサル・シリアル・バス)の略称です。コンパック、インテル、マイクロソフト、NECにより共同開発が進められ、1996年に最初の「USB 1.0」が規格策定されました。

　"Universal (汎用)"の名が表わすように、「USB」はあらゆる周辺機器とパソコンとの接続を想定した汎用インターフェイスとして開発されたものです。

＊

　「USB」が登場するより前、パソコンと周辺機器をつなぐインターフェイスは、用途別に異なった規格が混在しており、さまざまな専用ケーブルを使い分けるのが当たり前だと思われていました。

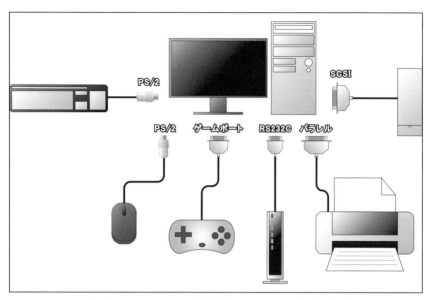

図4-3-1 昔は用途ごとに異なるインターフェイスが用いられていた

　これら古いインターフェイスを総称して「レガシー・インターフェイス」と呼びますが、昔のパソコンには周辺機器に合わせた「レガシー・インターフェイス」がそれぞれ個別に装備されていたのです（または必要に応じて増設する必要があった）。

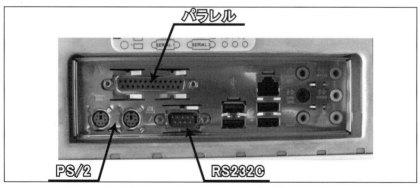

図4-3-2 「レガシー・インターフェイス」の残る古いパソコンのコネクタ部
今では見慣れないコネクタが並ぶ。

　このように用途別のいくつものコネクタをパソコンに装備させるのは場所も取る上、周辺機器をつながない場合は無駄なものになります。

　また「レガシー・インターフェイス」はインテリジェント制御（機器の自動認識や、ドライバの自動インストールなど）ができませんでした。

　そこで「レガシー・インターフェイス」に変わる新しいインターフェイスを開発し、あらゆる周辺機器をそのインターフェイスでパソコンに接続できるようにしようとの目的で登場したのが「USB」なのです。

想定以上に活用されている「USB」

　「USB」が登場した頃、その用途として想定したのはキーボードやマウス、プリンターやスキャナといった入出力関連機器が主なものでした。
　それが今や、あらゆる周辺機器が「USB」を用い、スマホやタブレットといった携帯端末のメイン・インターフェイスにもなっています。
　パソコンとは関係ないさまざまなガジェットにも、電力供給として「USB」が多用されています。

　ここまで「USB」が多用されるのは、汎用性の高さ、利便性の高さ、互換性の高さといった、「USB」の完成度の高さがあったからに他なりません。

「USB」の特徴

　「USB」がもつ特徴（バージョンごとの差異のない「USB」全体としての特徴）を、いくつか挙げていきましょう。

特徴①　シリアル転送
　「USB」は、その名称「Universal Serial Bus」にもあるように、データ転送にシリアル転送方式を採用しています。

超高クロックでデータ転送することで、高速転送を実現します。

特徴② プラグ&プレイ、ホット・プラグ

「USB」はパソコンの電源が入っている状態でいつでも接続と取り外しができます。

この機能を「プラグ&プレイ」「ホット・プラグ」と言い、現在では当たり前のものに感じますが、「レガシー・インターフェイス」の時代にはありませんでした。

特徴③ 電力供給

「USB」はデータ転送と同時に電力供給も考慮された規格です。

小型デバイスであれば「USB」からの電力供給だけで動作可能なため、利便性が一気に上昇します。

「USB TypeC」からは、電力供給に特化した「USB PD」(Power Delivery)が加わり「最大240W」までの電力供給にも対応できます。

特徴④ 最大「127台」接続可能

1つの「USBホスト」に最大で「127台」までのUSB機器を接続することができます。

パソコン本体に装備されている「USBポート」の数が少なくても、「USBハブ」を用いてポート数を拡張すれば、多くのUSB機器を接続できるようになります。

特徴⑤ 高い互換性

USB機器は高い互換性があり、バージョンの異なる「USB機器」が混在していても、問題なく使えるようになっています。

特徴⑥ USBクラス

「USB」には、標準となる機能を定めた「USBクラス」が定められています。

　「USBクラス」は、周辺機器としてよく用いられる機能を定義したもので、「USBクラス」に準拠してUSB機器を設計すれば、それらは標準のデバイス・ドライバで駆動可能なUSB機器となります。

機能強化されてきた「USB」

　最初に「USB」が規格策定された1996年から約27年、時代に合わせて「USB」も機能強化が図られ、新しいバージョンの「USB」が規格策定されてきました。

＊

　「USB」の各バージョンの歴史と、それぞれの主なトピックを並べると次のようになります。

●USB 1.0 (1996年1月策定)

　いちばん最初に規格策定されたバージョン。
　最大転送速度「12Mbps」の「Full-Speedモード」と、「1.5Mbps」の「Low-Speedモード」という2段階の転送モードを備え、「5V/500mA」の電力供給能力も備え、主に入出力機器との接続が考えられていました。

●USB 1.1 (1998年9月策定)

　「USB 1.0」に電力管理などの改善を加えた、マイナーアップ版。
　ちょうどこのころリリースされた、「Windows 98 SE」が「USB」をフルサポートしたので、数多くのUSB機器が出始めます。
　「USB」の実質的なスタートは、「USB 1.1」からと言ってもいいでしょう。

●USB 2.0 (2000年4月策定)

　最大転送速度「480Mbps」の「High-Speed」が追加され、大幅に機能強化されました。
　「480Mbps」という性能はさまざまな周辺機器の要求を満たすもので、

ここから"あらゆる機器が「USB」に"という傾向が始まります。

　また「USB 2.0」から電気的特性の仕様も厳密になり、「USBロゴ」を受けるためには認証試験も必要となったことから、認証を得ている機器同士の相性問題が減少しました。

●USB 3.0（2008年11月策定）

　最大転送速度「5Gbps」の「SuperSpeed USB 5Gbps」が追加されます。

　「コネクタ」や「ケーブル」にも手が加えられ、「USB」に大きな変更が加えられました。それでも前バージョンとの互換性を保てるよう工夫されています。
　電力供給能力も、「5V/900mA」にパワーアップしました。

●USB 3.1（2013年8月策定）

　最大転送速度「10Gbps」の「SuperSpeed USB 10Gbps」が追加されます。
　「コネクタ」や「ケーブル」の外観は「USB 3.0」と変わりませんが、高速化のため、ハードウェア物理層が変更されています。

●USB 3.2（2017年7月策定）

　新たに最大転送速度「20Gbps」の「SuperSpeed USB 20Gbps」が加えられます。
　ただし、「20Gbps」は「TypeC」使用時のみという条件があります。

●USB4（2019年8月策定）

　「TypeC」専用となり、電源供給機能として「USB PD」への対応が必須となりました。
　「Thunderbolt 3」の技術をベースとしており、最大転送速度「40Gbps」の「USB 40Gbps」のモードをもちます。

「USB」の各バージョンを比較しやすいように、**表4-3**にまとめました。

表4-3 「USB」の各バージョンの比較

USBバージョン	規格名	最大転送速度	電力供給能力 (1ポートあたり)	
1.0	USB 1.0	1.5Mbps 12Mbps	5V/500mA	
1.1	USB 1.1	1.5Mbps 12Mbps	5V/500mA	
2.0	USB 2.0	480Mbps	5V/500mA	
3.0	USB 3.0	5Gbps	5V/900mA	※
3.1	USB 3.1 Gen1	5Gbps	5V/900mA(TypeA) 最大5V/3A(TypeC)	※
	USB 3.1 Gen2	10Gbps		※※
3.2	USB 3.2 Gen1	5Gbps	5V/900mA(TypeA) 最大5V/3A(TypeC)	※
	USB 3.2 Gen2	10Gbps		※※
	USB 3.2 Gen2x2	20Gbps		
4	USB4 Gen2	10Gbps	5V/1.5A以上(TypeC)	
	USB4 Gen2x2	20Gbps		
	USB4 Gen3	20Gbps		
	USB4 Gen3x2	40Gbps		

※、※※はそれぞれ同じ仕様

とかく「USB」の規格に関しては「Gen」が付いたあたりからとてもややこしいものになっています。

*

次の3つのポイントを押さえておくといいでしょう。

【ポイント①】 最大転送速度「5Gbps」の「USB 3.0」「USB 3.1 Gen1」「USB 3.2 Gen1」は、すべて同じもの。基本的に「USB 3.0」対応ケーブルを用意すれば「5Gbps」での接続は担保される。

【ポイント②】 最大転送速度「10Gbps」の「Gen2」までは「TypeA」と

「TypeC」のどちらも存在する。ただし「10Gbps」を出すには「10Gbps」対応ケーブルを用意する必要あり。

【ポイント③】　最大転送速度「20Gbps」以上は「TypeC」でのみ実現可能。ケーブルも「20Gbps」「40Gbps」に対応したものを用意する必要あり。

TypeA ／ TypeB ／ TypeCの違い

　話が少々前後しますが、「USB」のコネクタ形状である「TypeA」「TypeB」「TypeC」の違いについても説明しておきましょう。

＊

　まず、「TypeA」と「TypeB」は、「USB」の初期から存在するコネクタです。

　「USB」ではパソコン本体などの親機側を「ホスト」、周辺機器などの子機側を「デバイス」と呼び、ホスト側で用いるのが「TypeA」、デバイス側で用いるのが「TypeB」と最初から仕様で決められていました。

　間違えて逆に挿してしまわないように「TypeA」と「TypeB」は形状が異なっているのです。

＊

　その後「USB」がいろいろな用途へ普及した結果、サイズの小さなコネクタ形状が派生し、さらにケーブル種類によって転送速度も変わってくるなど、「USB」を正しくつなぐには、ユーザー側の知識も求められるようになってしまいました。

＊

　そんな状況を是正しようと、コネクタ形状を一本化する「TypeC」が登場します。「TypeC」は「ホスト」「デバイス」を自動認識するので、両端とも同じ形状のシンプルな設計になっています。

　「TypeC」の登場で「USB」の接続もシンプルになった……と言いたいところですが、規格の世代差による性能差や機能差自体は残ったままなので、今度は見た目的には同じ「TypeC」なのに性能や機能に差がある

ケーブルが氾濫する事態に。

　見た目で判断できず、余計に混乱を
招いているのが昨今の実情です。

図4-3-2　さまざまな「USB」のコネクタが使われてきた
正確な呼び方としては、ケーブル側のコネクタを「プラグ」、機器側のコネクタを「レセプタクル」と言う。

　なお、「USB」や「Thunderbolt」の規格の中から、「TypeC」を用いるものに絞ってまとめると、**表4-4**のようになります。

表4-4　「TypeC」に対応する規格

ケーブル	規格名	最大転送速度	最大ケーブル長	備考
TypeC-TypeC	USB 2.0	480Mbps	4.0m	全てのTypeCデータ転送ケーブルは最低限USB 2.0をサポートしている
	USB 3.1 Gen1	5Gbps	2.0m	TypeA-TypeB/TypeCケーブルも同規格あり
	USB 3.1 Gen2	10Gbps	1.0m	
	USB 3.2 Gen1	5Gbps	2.0m	
	USB 3.2 Gen2	10Gbps	1.0m	
	USB 3.2 Gen2x2	20Gbps	1.0m	TypeC-TypeCケーブルのみ
	USB4 Gen2x2	20Gbps	1.0m	
	USB4 Gen3x2	40Gbps	0.8m	
	Thunderbolt 3	20Gbps	2.0m	パッシブケーブル
		40Gbps	0.8m	
		40Gbps	2.0m	アクティブケーブル（USBは2.0相当）
	Thunderbolt 4	40Gbps	2.0m	ユニバーサルケーブル

表内の各規格に適合する「TypeCケーブル」がそれぞれ存在する上に、「USB PD」の対応電力によるバリエーションも増えるので、同じ見た目の「TypeCケーブル」でも、いろいろ種類が存在するカオスな状況になっているのが分かると思います。

「USB-IF認証ロゴ」で見極めよう

さて、これだけさまざまな規格が入り乱れる「TypeCケーブル」です。

いざ実物のケーブルのどこを見れば、どの規格に適合するものと判断できるのでしょうか。

*

ある程度PCやスマホを触ってきたのならご存じかもしれませんが、主にケーブルのコネクタ部分に記されている「USB-IF認証ロゴ」で、ケーブルの規格は判断できます。

*

なお、この「USB-IF認証ロゴ」は2022年10月に刷新されました。従来は「SuperSpeed USB」といったブランド名を用いていましたが、今後は単純に転送速度を記していく形となります。

これから徐々に、新しいロゴを用いたケーブルが増えていくでしょう。

図4-3-3 新しい「USB-IF認証ロゴ」
左側が製品パッケージなどに記すロゴ、右側がケーブル自体に記すロゴ（USB-IF Webサイトより）

「USB」での電力供給は「USB PD対応TypeCケーブル」で

自作PCではあまり使わない機能かもしれませんが、「TypeC」の電力供給にも触れておきましょう。

＊

「TypeCケーブル」による電力供給は、「USB PD」(USB Power Delivery)に則ったものが今では一般的です。

「USB PD」では電圧「5V」「9V」「15V」「20V」、電流「最大3.0A」または「最大5.0A」の組み合わせの電力を給電します。

「USB PD」対応のケーブルは大抵、最大電流「3.0A」か「5.0A」のどちらかに属し、それぞれ「最大60W」「最大100W」まで対応した「USB PD対応TypeCケーブル」として販売されています。

＊

また、給電用のケーブルにはある程度の長さや柔軟性があるとよいですが、そうなると基本的に「USB 2.0」&「USB PD」対応ケーブルから選ぶことになるでしょう。

「USB 2.0」までであればケーブル長も「最大4m」まで対応し、過剰なシールド処理が不要なので、しなやかなケーブルの製品も多くなります。

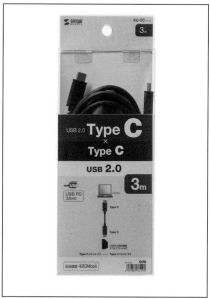

図4-3-4 「KU-CC30」(サンワサプライ)
「USB 2.0」仕様で長さ3mの「USB PD対応TypeCケーブル」。スマホを充電しながら使いたい場合はこれくらいの長さがほしい。

また、まだ対応機器も少ないので今あえて選択する必要性はありません が、現在は「USB PD」の上位モードとして、「48V・5.0A」の最大「240W」まで供給可能な「USB PD EPR」(Extended Power Range)も登場しています。

映像出力は「USB 3.x」以上の「TypeCケーブル」で対応

「TypeC」の大きな特徴としてディスプレイへの映像出力があります。

主にノートPCで活用される機能なのでこちらも自作PCには縁遠いものですが、稀に「TypeC」で映像出力できるマザーボードやビデオカードも存在します。

＊

「TypeC」の映像出力は「オルタネートモード」という特殊なモードを利用しており、パソコン側に「USB-C DP Alt Mode」や「Thunderbolt 3/4」などと記された「TypeCコネクタ」が備わっていれば利用可能です。

もちろん、ケーブルの方も「オルタネートモード」に対応した「TypeCケーブル」が必要となるのですが、実際どのような「TypeCケーブル」が映像出力に対応しているのか、詳しく把握している人は少ないのではないでしょうか。

＊

映像出力は基本的に「USB 3.x」の「TypeCケーブル」であれば対応しています。

ただ "基本的に" と付けたのは、結線を減らしてコストダウンし規格を満たさない「TypeCケーブル」も時折見かけるからです。

結局のところ、ケーブルの仕様一覧に「オルタネートモード」「DP Alt Mode」「Full-Featured」といった一文が見つからない場合、映像出力に対応しているかどうかの判別は難しく、ユーザーの口コミなどを頼るしかないのが実情です。

*

なお、逆のパターンとして本当は映像出力にも対応しているのに仕様へ明記していない製品もいくつかありました。

図4-3-5 USB3-CCP10NBK」(エレコム)
オルタネートモード対応を明記している「USB 3.1 Gen2 TypeC ケーブル」

図4-3-6 「KC-ALCCA1450」(サンワサプライ)
映像出力対応を謳う「5m」の「TypeC アクティブケーブル」。長いケーブルが必要なときはアクティブケーブル(信号増強機能付き)がオススメ。

「Thunderbolt」との関係

「TypeCケーブル」を使う「USB」以外の規格が、「Thunderbolt 3/4」です。

*

「Thunderbolt 3」は「USB 3.x」と互換性をもつ上位規格のような存在で、「Thunderbolt 3」対応の「TypeCケーブル」は、それだけで自動的に「USB 3.x」のフル規格を満たしています。

ただ、「最大2m」のケーブル長を実現する「Thunderbolt 3 アクティブケーブル」は別物で、こちらの「USB互換機能」は「USB 2.0」相当にまで下がります。

「USB-C DP Alt Mode」のコネクタに「Thunderbolt 3 アクティブケーブル」を挿しても映像出力できないので、注意が必要です。

「USB 3.x」としても使える「Thunderbolt 3 ケーブル」は、「0.8m」までのパッシブケーブルのみになります。

すべてを解決する「Thunderbolt 4 ケーブル」

上記の「Thunderbolt 3 ケーブル」の問題を解決した、完全無欠の「TypeCケーブル」が「Thunderbolt 4 ケーブル」です。

「Thunderbolt 4」ではパッシブとアクティブを統一した「ユニバーサルケーブル」を採用しています。

このケーブルは「2m」の長さでも「USB4/3.x」と互換性を保っているのが一番の改善点で、本当の意味での全規格に完全対応したケーブルとなります。

少々値は張りますが、「TypeC」の全機能に対応したケーブルとして「Thunderbolt 4 ケーブル」を1本持っておくのは、悪くないです。

図4-3-7　「Cable Matters Active Thunderbolt 4 ケーブル」(Cable Matters)
「2m」の「Thunderbolt 4 ケーブル」。「Thunderbolt 3」「USB4」との互換性をもつ。

第5章

「ネットワーク」に使われる技術

パソコンの「ネットワーク接続」は、現代では必須になりました。

そのパソコンのネットワーク (LAN)接続には、大きく分けて「有線LAN」と「無線LAN」の2つがあります。

本章では、それぞれのネットワーク接続方法について、詳しく見ていくことにしましょう。

5-1　Ethernet規格 (有線LAN)

「安定した通信速度」と「低遅延」が魅力

「有線LAN」は、LANケーブルを用いて物理的に結線しネットワークを構築する方法です。

ネットワーク構築には、実際にケーブルを敷かなければならないため、物理的な制約がかかることも多いのですが、通信速度、安定性、低遅延といった部分で優秀なネットワーク構築方法です。

また、マザーボードにはほぼ必ず有線LANポートが備わっているので、デスクトップPCにおいては、有線LAN接続が基本のネットワーク接続方法とも言えます。

*

昨今は「最大2.5Gbps/5Gbps/10Gbps」といった超高速光インターネットが登場してきましたが、それらのインターネット回線を100%活かすための手段として、有線LANの注目度が上がってきています。

また、ゲーミングPCの台頭で、有線LANの安定した遅延の少ないネッ

トワークは、対戦を有利に進められることが広く知られ、積極的に有線LANを導入しようと考えるユーザーも増えてきました。

やはり「安定した通信速度」と「低遅延」が、有線LANの大きな魅力です。

Ethernet規格

有線LANの規格は、正しくは「Ethernet（イーサネット）規格」と呼ばれ、通信速度ごとの規格が策定されています。

＊

主なEthernet規格を**表5-1**にまとめました。

表5-1　主なEthernet規格

規格名	通信速度	対応ケーブル
100BASE-TX	100Mbps	CAT5
1000BASE-T	1Gbps	CAT5
2.5GBASE-T	2.5Gbps	CAT5e
5GBASE-T	5Gbps	CAT6
10GBASE-T	10Gbps	CAT6A/CAT7
25GBASE-T	25Gbps	CAT8
40GBASE-T	40Gbps	CAT8

現在主流のEthernet規格は「1000BASE-T」です。

対応機器の価格もリーズナブルで、「最大1Gbps」のインターネット回線とも相性が良いため、"とりあえずこれで文句なし"と考えるユーザーが大半だと思われます。

＊

　「10Gbps」の通信速度をもつ「10GBASE-T」は、高速な「NAS」(Network Attached Storage)を使用するなど、LAN内での通信速度を極めたいユーザーに人気を集めるほか、近年は「最大10Gbps」のインターネット回線が登場したため、"そろそろ10Gbpsに手を出すか"というヘビーユーザーもこれから増えていきそうです。

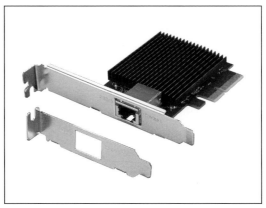

図5-1-1　「LGY-PCIE-MG2」(バッファロー)
「10GBASE-T」対応のネットワークアダプタ。市場価格1万円を切るコストパフォーマンスの高さが魅力。

　「2.5GBASE-T」および「5GBASE-T」は、「マルチギガビット・イーサ」と呼ばれ、規格策定が2016年と比較的新しいEthernet規格です。

　「10GBASE-T」の技術をデチューンし、コストを抑えた高速ネットワーク構築を目的として策定されました。
　特に「2.5GBASE-T」は「CAT5eケーブル」を使用できる点もポイントが高く、「1000BASE-T」からのアップグレード先として注目されます。

　「2.5GBASE-T」のLANを標準搭載するパソコンも増え、対応機器の価格もリーズナブルになってきたので、今後主流になり得るEthernet規格と言えるかもしれません。

　一方で「25GBASE-T」や「40GBASE-T」の高速Ethernet規格は、規格の策定自体は行なわれたものの、2023年春現在対応機器が登場していません。

＊

　なお、それぞれの規格名末尾に付いている"T"は、信号線に「ツイストペアケーブル」（撚(よ)り対線）を使うことを意味しています。

　つまり、「電気信号で通信を行なう規格」ということです。

　それが要因なのか、「25GBASE-T」や「40GBASE-T」は「消費電力」と「発熱」が大きく、製品化が遅れているという噂も耳にします。

＊

　他のEthernet規格には、末尾が"T"ではない信号線に光ファイバを用いる規格もあります。

　そちらでは「40Gbps」に対応した規格（40GBASE-SR4など）の製品も普及しています。

LANケーブル規格

　少々話は前後しますが、有線LANでは接続に用いるLANケーブルも重要で、LANケーブルについてもカテゴリごとにしっかりと規格化がなされています。

　LANケーブルはネットワーク機器の通信速度（Ethernet規格）に対応するカテゴリのものを選ぶ必要があります。

＊

　主なLANケーブルの規格を**表5-2**にまとめています。

表5-2 LANケーブル規格

規格名	最大通信速度	コネクタ	ケーブル
CAT5	1Gbps	RJ-45	UTP
CAT5e	2.5Gbps	RJ-45	UTP
CAT6	5Gbps	RJ-45	UTP
CAT6A	10Gbps	RJ-45	UTP
CAT7	10Gbps	ARJ45/GG45/TERA	STP
CAT7A	10Gbps	ARJ45/GG45/TERA	STP
CAT8	40Gbps	ARJ45/GG45/TERA	STP

注目する点として、ひとつはケーブルのシールドの有無が挙げられます。

「CAT6A」まではシールドなしの「UTP」(Unshielded Twist Pair)を用いますが、「CAT7」以上ではノイズに強いシールド有りの「STP」(Shielded Twist Pair)が用いられます。

シールドの有無でコネクタにも変更が入り、「STP」を用いる「CAT7」以上はアース接続の機能をもつ「ARJ45」「GG45」「TERA」というコネクタを使います。

「ARJ45」と「GG45」は従来の「RJ-45」と形状互換ですが「TERA」だけは形状もまったくことなるコネクタとなっています。

*

これからLANケーブルを新たに敷設する場合にオススメなのは、「CAT6A」のLANケーブルです。「最大10Gbps」の通信速度にも対応し価格もリーズナブルです。

図5-1-2 「BSLS6ANU100BL」（バッファロー）
「10m」で市場価格1,000円台とリーズナブルな「CAT6A」のLANケーブル

逆に少し怪しい存在が、「CAT7」以上のLANケーブルです。

＊

先でも少し触れたように、Ethernet規格の「25GBASE-T」「40GBASE-T」は対応機器の出てくる気配がまだありません。

しかしケーブルだけは「CAT7」「CAT8」といった上位カテゴリのものがすでに販売されています。

"大は小を兼ねるということで、上位カテゴリのほうが良いんじゃないの？"と思ってしまうかもしれませんが、ここで少し注意すべき点があります。

と言うのも、現在販売されている「CAT7」「CAT8」ケーブルの多くは、ケーブル品質自体は規格を満たすものの、コネクタに従来の「RJ-45」をそのまま使用しているため、規格要件である"コネクタには「ARJ45」「GG45」「TERA」を使用しなければならない"という点を満たしていません。

もし将来、「25GBASE-T」「40GBASE-T」対応機器が出てきたとしても、現在の「CAT8」ケーブルでしっかり通信速度を出せるかは未知数なのです。

もし、将来への先行投資のつもりで、"高価だけれど長く使えそうな

「CAT8」ケーブルを敷設しておこう"と考えている場合は、思いとどまったほうがいいかもしれません。

　現在販売されている「CAT7」「CAT8」ケーブルは、少し品質の高い「CAT6A」ケーブルと考えるくらいが丁度良いと思います。

スイッチング・ハブの選択も重要

　有線LANのネットワークを構築する上で、機器接続の中継点となるスイッチング・ハブは、かなり重要な機器の1つです。

　対応するEthernet規格やLANポート数、価格などなど、機器選択時にはいろいろと迷うことが多かったりもします。

＊

　現在家庭向けとして導入可能なスイッチング・ハブを、大まかに種類分けしてみましょう。

① 「1000BASE-T」対応スイッチング・ハブ

　現在最も広く利用されている「スイッチング・ハブ」です。

　枯れている技術なので、安定性も高く価格も安価です。どんな機種を導入しても大きな失敗はあまりないでしょう。

　LANポート数や底面マグネット、ACアダプタの有無などの設置運用方法に気を付けて選ぶといいと思います。

② 「2.5GBASE-T」対応スイッチング・ハブ

　より高速な「2.5GBASE-T」に対応したスイッチング・ハブは、「2.5GBASE-T」対応製品の増加に伴い量産効果が表われてきたのか、価格もリーズナブルになってきました。

③一部ポート「10GBASE-T」対応スイッチング・ハブ

全LANポートのうち「2〜4ポート分」だけ「10GBASE-T」に対応したスイッチング・ハブです。

メインPC＋高速NASのペアだけ「10Gbps」でつながればOKといった運用に適しています。

④全ポート「10GBASE-T」対応スイッチング・ハブ

かなり高価ですが、全ポートで「10GBASE-T」を利用できます。

「最大10Gbps」の高速インターネット回線を利用し、複数の高速NASを所持しているなどのヘビーユーザー向けのスイッチング・ハブです。

*

以上に挙げた例は、後に挙げたものほど高性能かつ高価なスイッチング・ハブということになります。

ただ、高速スイッチング・ハブは発熱などによるトラブル発生の危険性も出てくるので、予算があるからと無闇に高速スイッチング・ハブを導入するのはあまりオススメできません。

時間が経てば高性能で安定性が高く価格もリーズナブルな製品が登場してくるので、今から"将来を見越して……"と高性能なスイッチング・ハブを選ぶのではなく、現在のLAN環境に必要な速度のスイッチング・ハブを選択するのがオススメです。

5-2　　Wi-Fi（無線LAN）

家庭内LANの主役とも言える無線LAN

スマホやタブレットをはじめ、ノートPCやゲーム機、スマートスピーカーやスマートテレビ、各種ストリーミングデバイスなどなど、ネットワーク接続に無線LANを用いる機器がどんどん増えてきたことから、現在の家庭内LANの主役は無線LANと言って間違いない状況になっています。

また、無線LANを標準搭載するマザーボードも増えてきたことから、デスクトップPCでもネットワーク接続に無線LANを用いることが増えてきました。

＊

ここでは、そんな無線LANの規格について再確認していきます。

「Wi-Fi」について

無線LANのことを「Wi-Fi」とも呼びますが、そもそも「Wi-Fi」と無線LANにはどのような関係があるのでしょうか。

"無線LAN　＝　Wi-Fi"という考えでいいのでしょうか。そこから確認していきましょう。

＊

まず「Wi-Fi」とは、一言で言えば無線LANの総合的な "ブランド名"です。

無線LANは規格名として「IEEE802.11a/b/g/n/ac/ax」とも呼ばれていますが、このようなIEEEの規格名は正直なところ "ややこしい""覚えにくい""なにが違うの"と、コンピュータ関連に明るくない人たちにとってはウケが悪いと言わざるを得ません。

　そこで、このようなややこしい規格名をオブラートに包み、とりあえず「Wi-Fi」であれば無線でネットワークにつながるということを広く覚えてもらおうと、マーケティング的な意味も込めて、「Wi-Fi」という言葉が前面に押し出されてきました。

＊

　近年さらにその傾向は強まり、覚えにくい規格名「IEEE802.11xx」に代わって、規格の世代を表わす「Wi-Fi ○」という表記が使われるようになりました。

　「Wi-Fi ○」が定められた2019年当時、「IEEE802.11a/b/g」はすでにあまり使われていなかったため、「IEEE802.11n/ac/ax」のみに「Wi-Fi 4/5/6」と名付けられています。

　現在は新たに「Wi-Fi 6E」が追加され、2024年以降には最新規格の「Wi-Fi 7」が登場する予定となっています。

後方互換性はバッチリ

　無線LANは「無線LANルータ」（Wi-Fiルータ）とそこへ接続する各種端末で構成され、両者の用いる無線LAN規格は同一でなければなりません。
　ただ後方互換性はしっかりと確保されているので、「Wi-Fi 6」に対応する機器は基本的に「Wi-Fi 4/5」での通信にも対応します。

　無線LANルータと端末側で対応可能な無線LAN規格の中から、共通する最も上位の規格を用いて通信が行なわれるわけです。
　無線LANルータ（Wi-Fi 5）に端末（Wi-Fi 6）を接続するといったように、端末側のほうが上位規格であっても大丈夫です。

＊

　また、無線LANルータに異なる世代の端末を複数同時接続するといったことも、問題ありません。

たとえば、「無線LANルータ」（Wi-Fi 6）に、「端末A」（Wi-Fi 6）と「端末B」（Wi-Fi 4）を同時接続しても、まったく問題なく運用可能です。

歴代規格の特徴

無線LANの規格である「IEEE802.11」の歴代規格の特徴を見比べてみましょう。世代が進むにつれて、どういった部分が進化していったか分かると思います。

①IEEE802.11b

最初に普及した規格。モバイルPCや携帯ゲーム機の利便性が大幅向上しました。

②IEEE802.11a

電波干渉の少ない「5GHz帯」に対応し、OFDM変調を採用することで「54Mbps」まで高速化。

③IEEE802.11g

「IEEE802.11a」と同様の技術を「2.4GHz帯」で使えるように適応。

④IEEE802.11n（Wi-Fi 4）

通信ストリームを増やす「MIMO」と使用帯域幅を増やす「チャネル・ボンディング」に対応し、「最大600Mbps」と大幅増速しています。

⑤IEEE802.11ac（Wi-Fi 5）

「MIMO」と「チャネル・ボンディング」をさらに拡大、「256QAM変調」と併せて「最大6.9Gbps」と大幅ギガ越えを達成しています。

複数端末同時通信可能な「MU-MIMO」にも対応しました。

⑥ IEEE802.11ax（Wi-Fi 6）

「1024QAM」変調で高速化、通信速度は「最大9.6Gbps」へ。

「OFDMA」や「MU-MIMO」拡張などで混雑時の安定性が向上。「2.4/5GHz帯」両対応となりさまざまなシチュエーションに対応できるようになりました。

⑦ IEEE802.11ax（Wi-Fi 6E）

使用周波数帯に「6GHz帯」が追加され、干渉を受けにくい高速無線LAN通信が可能となりました。その他のスペックは「Wi-Fi 6」とほぼ同じです。

表5-3 歴代無線LAN規格一覧

規格名	IEEE802.11b	IEEE802.11a	IEEE802.11g	IEEE802.11n
Wi-Fi名称	-	-	-	Wi-Fi 4
使用周波数帯域	2.4GHz帯	5GHz帯	2.4GHz帯	2.4GHz帯/5GHz帯
変調方式	DSSS/CCK	OFDM 64QAM	OFDM 64QAM	OFDM 64QAM
最大ストリーム数	1	1	1	4
チャネル・ボンディング	-	-	-	40MHz
複数同時接続	-	-	-	-
最大通信速度	11Mbps	54Mbps	54Mbps	600Mbps

規格名	IEEE802.11ac	IEEE802.11ax	IEEE802.11ax
Wi-Fi名称	Wi-Fi 5	Wi-Fi 6	Wi-Fi 6E
使用周波数帯域	5GHz帯	2.4GHz帯/5GHz帯	2.4GHz帯/5GHz帯/6GHz帯
変調方式	OFDM 256QAM	OFDM 1024QAM	OFDM 1024QAM
最大ストリーム数	8	8	8
チャネル・ボンディング	40/80/80+80/160MHz	40/80/80+80/160MHz	40/80/80+80/160MHz
複数同時接続	MU-MIMO	MU-MIMO/OFDMA	MU-MIMO/OFDMA
最大通信速度	6.9Gbps	9.6Gbps	9.6Gbps

無線LANで使う電波

電波は四方八方に制限なく飛んでしまうため、周りとの混信を防ぐために、皆でルールを守って共有する必要のある公共財産とも言われています。

そのため電波は各国の電波法により厳しく管理され、電波を使うには国からの免許が必要となります。

電波で通信を行なう無線LANも当然電波法による規制を受けるので、好き勝手な電波周波数帯を自由に使えるわけはありません。

*

たとえば、日本国内の電波周波数帯の使用状況を見ても、さまざまな用途でかなりカツカツな状態で、その間を縫うように無線LANの電波が割り当てられています。

それが次の3つの周波数帯です。

●2.4GHz帯（2,402MHz ～2,494MHz）

……「IEEE802.11/b/g/n/ax」で使用。

●5GHz帯（5,150MHz ～5,350MHz、5,470MHz ～5,725MHz）

……「IEEE802.11a/n/ac/ax」で使用。

●6GHz帯（5,925MHz ～6,425MHz）

……「IEEE802.11ax」（Wi-Fi 6E）で使用。

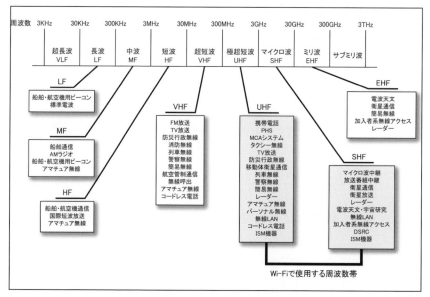

図5-2-1　総務省によって定められている電波周波数帯の割り当て

各周波数帯の特徴①　2.4GHz帯

次に、無線LANで使用する各周波数帯の特徴を見ていきましょう。
まずは、「2.4GHz帯」の特徴から。

＊

無線LANが「2.4GHz帯」を採用した理由のひとつとして、この周波数帯が全世界的に「ISMバンド」として開放されていたという点があります。

「ISMバンド」とは、産業科学医療向けに開放されている周波数帯で、"この周波数帯であれば多少ノイズを撒き散らしてもかまいませんよ"と定められた周波数帯です。

免許不要で電波の発信を行なえることから、無線LANで採用されました。

＊

ただ、電波の無法地帯とも呼べる「ISMバンド」は、無線LAN以外のさ

まざまな用途に用いられているほか、特に電子レンジから出るノイズも
被るなど、ノイズ要因がとても多い周波数帯のため、無線通信を行なうに
は劣悪な状態と言えます。

＊

一方メリットとして、「2.4GHz帯」は「5GHz帯」や「6GHz帯」と比較し
て障害物に強く、電波到達距離が長いという特徴があります。

しかし逆に考えると、それだけ他の場所の無線LANとも干渉しやすい
ということでもあります。

＊

なお、無線LANでは通信に使うチャネル1つ分の基準を「20MHz幅」と
しています。

「2.4GHz帯」では「20MHz幅」のチャネルを「5MHz間隔」で被らせな
がら全14chに分けており、干渉前提でカツカツにチャネルを詰め込んで
います。

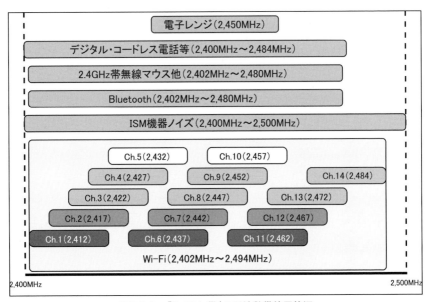

図5-2-2 「2.4GHz帯」の周波数帯使用状況
他の要因もいろいろと干渉しているのが分かる。

各周波数帯の特徴② 5GHz帯

「5GHz帯」は無線LANのために開放してもらったような周波数帯であり、他の無線通信との干渉の心配がほとんどないのが大きな特徴です。

無線LANでは、「5GHz帯」を「W52/W53/W56」という3つのグループに分け、それぞれを次のようにチャンネル分けして使っています。

- ●W52……5,150MHz〜5,250MHzを4chに区分け
- ●W53……5,250MHz〜5,350MHzを4chに区分け（屋内利用に限る）
- ●W56……5,470MHz〜5,725MHzを11chに区分け

電波干渉の少ない「5GHz帯」ですが、唯一の問題として国内では各種レーダーが用いる周波数帯と重なっています。

そのため、レーダー電波の干渉がないかチェックするために、起動後1分間は電波を止めてスキャンに専念したり、レーダー電波をキャッチしたら自動的に使用チャネルを変更する仕組みが、無線LAN機器には組み込まれています。

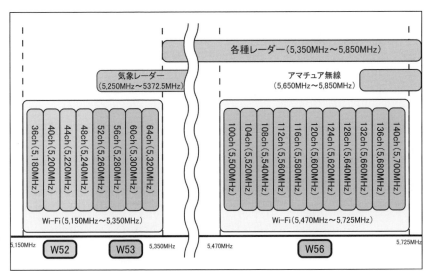

図5-2-3 「5GHz帯」の周波数帯使用状況
「2.4GHz帯」よりは大分マシで、チャネルも多く確保できる。

各周波数帯の特徴③ 6GHz帯

「6GHz帯」は正真正銘、無線LANのために解放された周波数帯で、他用途からの電波干渉を一切排除できるのが最大の特徴の周波数帯です。

国内では2022年9月より利用可能となりました。

＊

周波数帯域幅は「5,925MHz 〜6,425MHz」の「500MHz幅」で、「20MHz幅」のチャネルを「全24ch」も利用可能となっています。

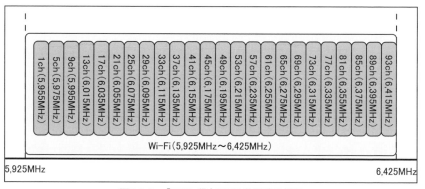

図5-2-4 「6GHz帯」の周波数帯使用状況
とても多くのチャネルを確保できる。

一方「6GHz帯」のデメリットとしては、周波数帯が上がったことで障害物に弱くなり、電波到達距離が狭くなるという点が挙げられます。

家中どこでも快適に無線LANを使いたい場合は「メッシュ Wi-Fi」などのエリア拡充技術がより重要になりそうです。

各周波数帯の特徴まとめ

「2.4GHz帯」「5GHz帯」「6GHz帯」の特徴をまとめると次のようになります。

表5-4　それぞれの周波数帯の特徴

	2.4GHz帯	5GHz帯	6GHz帯
通信速度	遅い	速い	速い
電波到達距離	長い	短い	より短い
電波干渉	とても多い	まれにある	無い
近隣無線LAN干渉	とても多い	やや多い	少ない

通信速度を高速化するチャネル・ボンディング

　無線LANの周波数帯域幅は1チャネルあたり「20MHz幅」が基本ですが、複数チャネルを統合することで通信速度向上が可能です。この機能を「チャネル・ボンディング」と言います。

＊

　周波数帯域幅が広ければ広いほど通信速度が向上するという基本原理になっており、「Wi-Fi 6」では、「40/80/80+80/160MHz幅」の「チャネル・ボンディング」を選択できるようになっています。

　ただ、周波数帯域幅を広く取りすぎると、今度は近隣無線LANとのチャネル干渉が問題になります。
　特に住宅密集地や集合住宅の場合は、無理に周波数帯域幅を広く取るよりも、わざと設定を抑えて「40MHz幅」くらいにしたほうが、通信も安定して結果的に良い場合もあります。

＊

　一方、「6GHz帯」に対応する最新の「Wi-Fi 6E」は「160MHz幅」を同時に3チャネル分も確保できる上に、そもそも利用ユーザーがまだ少なく近隣干渉の可能性も限りなく低いことから、チャネル幅を広く取っても安定した通信を期待できます。

　こういった面にも、最新規格である「Wi-Fi 6E」のメリットがあります。

無線LANルータのスペックも重要

「Wi-Fi 4」以降、無線LANの最大通信速度は大幅に向上してきましたが、この最大速度は無線LANルータが規格のフルスペックに対応している製品の場合に発揮される性能です。

特に重要なスペック項目は「ストリーム数」で、無線LANルータに搭載している物理的なアンテナの本数を表わします。

「Wi-Fi 6」を例にすると、次のようにアンテナ本数によって、最大通信速度も変動します。

①8ストリーム (8x8 MIMO)	最大約9.6Gbps
②4ストリーム (4x4 MIMO)	最大約4.8Gbps
③2ストリーム (2x2 MIMO)	最大約2.4Gbps

最大通信速度に達するのは、「チャネル・ボンディング」が最大幅の「160MHz」に設定されたときとなるわけですが、現在販売されている無線LANルータには「8ストリーム＆160MHz」の組み合わせを実現できる製品がないため、事実上の最速仕様は「8ストリーム＆80MHz」か「4ストリーム＆160MHz」の「約4.8Gbps」となります。

無線LANのセキュリティ技術

無線LANを利用する上で、必ず知っておきたいセキュリティ技術にも触れておきましょう。

＊

無線LANの電波は近くに居れば傍受可能なため、通信内容を知られないためのセキュリティ技術が欠かせません。

無線LANに用いられている（用いられていた）セキュリティ技術には、次が挙げられます。

●WEP

　「WEP」（Wired Equivalent Privacy）は、特定のキーワードを暗号鍵として「RC4暗号化」を行います。

　鍵の長さに応じて「64bit-WEP」や「128bit-WEP」とも呼ばれます。現在は完全に解読可能となっているので、使ってはいけないセキュリティ技術です。

●WPA

　「WPA」（Wi-Fi Protected Access）は、「WEP」よりもセキュリティ性の高い方式です。

　暗号鍵の強度自体は「WEP」と同じ「RC4」ですが、一定時間ごとに暗号鍵を更新する「TKIP」（Temporal Key Integrity Protocol）を採用することで、盗聴を難しくしています。

　個人用途の事前鍵方式「WPA-PSK（TKIP）」と、企業向け認証サーバーを用いる「WPA-EAP（TKIP）」があります。

●WPA2

　「WPA」の上位方式で、「128〜256bit」の可変長鍵を使う強力な「AES暗号」を採用してセキュリ性を高めています。

　現在主流となっているセキュリティ方式です。

　WPAと同じく、個人向けの「WPA2-PSK（AES/TKIP）」と、企業向けの「WPA2-EAP（AES/TKIP）」が規定されています。

●WPA3

　2017年、「WPA2」に「KRACKs」という脆弱性が発見されたことで登場した最新のセキュリティ技術です。

　「KRACKs」を回避する「SAEハンドシェイク」や、辞書攻撃によるパスワード漏洩に対する防護が盛り込まれています。

2019年頃からの「Wi-Fi 5/6」の無線LANルータで採用されています。

●MACアドレス・フィルタリング

「MACアドレス・フィルタリング」は無線LANルータへ接続できる端末をMACアドレスで制限するセキュリティ技術です。

ただし、MACアドレスは通信内容から簡単に傍受可能で、パソコンのMACアドレス偽装も簡単なことから、悪意ある侵入者をはじくのには役立たないとされています。

*

端末側はOSアップデートで新しいセキュリティ技術に対応していくので、無線LANルータ側を新しくすることで、新しいセキュリティ技術が使えるようになります。

5-3　Bluetooth

無線LANのオマケで付いてくる

「Bluetooth」は、「2.4Ghz帯」の周波数を用いて通信を行なう無線通信技術のひとつです。

主に周辺機器やガジェットの無線接続に使用され、現在はキーボードやマウス、ゲームパッドなどの入力機器や、イヤホンなどのオーディオ機器を中心に広く普及しています。

*

基本的にスマホやタブレット、ノートPCなどで重宝する無線通信技術ですが、マザーボードに搭載された無線LANモジュールにBluetoothも含まれているので、自作PCでも最初からBluetoothを使えるケースが増えてきています。

機器はプロファイルで管理され接続も簡単

「Bluetooth」は、さまざまな機器の無線接続に用いられるため、機器の種類ごとに細かくプロトコルを策定しプロファイルと呼んで標準化しています。

Bluetoothで通信する場合は、通信を行なう機器同士が同じプロファイルを持っている必要があります。

この仕組みのおかげで、Bluetoothの接続（ペアリング）は、とても簡単なものになっています。

「クラシック」と「LE」(Low Energy)

Bluetoothは、世代ごとに新しいバージョンが登場しており、2023年春における最新バージョンは「Bluetooth 5.4」です。

＊

「Bluetooth 4.0」で大きな方針転換を図っており、それ以前と互換性のない通信方式が追加されています。

＊

「Bluetooth 3.0」までは通信速度向上に注力して最大で「24Mbps」の通信が可能な規格でした。

その方針を転換し、省電力方面へ舵を切ったのが「Bluetooth 4.0」以降になります。

このことから「Bluetooth 3.0」以前の通信方式を「クラシック」、「Bluetooth 4.0」以降の省電力通信方式を「LE」(Low Energy)と呼んでいます。

＊

Bluetoothの各メジャーバージョンの主な特徴は次のとおり。

●Bluetooth 1.0

　最初に公開されたバージョン。マイナーバージョンでは無線LANとの干渉を抑えるといった工夫が加えられました。実際に普及が始まったのは「Bluetooth 1.1」から。

●Bluetooth 2.0

　最大通信速度「3Mbps」の「EDR」(Enhanced Data Rate)を搭載。

●Bluetooth 3.0

　最大通信速度「24Mbps」の「HS」(High Speed)をオプション追加。

●Bluetooth 4.0

　最大通信速度「1Mbps」に抑えることで大幅な省電力を実現した「LE」に対応。ただし「クラシック」との同居も許可されているので、両対応の製品がほとんどです。

●Bluetooth 5.0

　「LE」の最大通信速度を倍の「2Mbps」に、通信範囲は「4倍」、通信容量は「8倍」に向上。マイナーバージョンでは「方向探知機能」や「LE Audio」を追加。

＊

　「LE」の登場で端末の駆動時間向上や小型化が可能となり、マウスやキーボードといった入力機器でも積極的に採用が進みました。

　また電池1個で長期間運用するような「IoTデバイス」でも重宝されています。
　このようにして、Bluetoothが一層普及するようになり、現在に至ります。

索 引

索 引

■著者紹介

本間 一（ほんま はじめ）

1～2章執筆▼I/O誌を中心に多数執筆のフリーライター。得意分野は、「マルチメディア系」「デジタルビデオ編集」「ソフトウェアの運用」など。趣味は、「DTM」「サッカー観戦」「ビリヤード」。

勝田有一朗（かつだ・ゆういちろう）

3～5章執筆▼1977年大阪府生まれ。「月刊I/O」や「Computer Fan」の投稿からライター活動を始め、現在も大阪で活動中。

質問に関して

●サポートページは下記にあります。

【工学社サイト】http://www.kohgakusha.co.jp/

本書の内容に関するご質問は、

① 返信用の切手を同封した手紙
② 往復はがき
③ FAX(03)5269-6031
   （ご自宅のFAX番号を明記してください）
④ E-mail   editors@kohgakusha.co.jp

のいずれかで、工学社編集部宛にお願いします。電話によるお問い合わせはご遠慮ください。

I/O BOOKS

パソコン部品の基礎知識
～規格・性能と部品の選び方～

2023年5月30日 初版発行 © 2023	著 者	本間 一・勝田有一朗
	発行人	星 正明
	発行所	株式会社工学社
		〒160-0004
		東京都新宿区四谷 4-28-20 2F
	電話	(03)5269-2041(代) [営業]
		(03)5269-6041(代) [編集]
	振替口座	00150-6-22510

※定価はカバーに表示してあります。

[印刷] シナノ印刷（株）

ISBN978-4-7775-2254-5